本丛书名由中国科学院院士母国光先生题写

光学与光子学丛书

《光学与光子学丛书》编委会

光学与光子学丛书

光学自由曲面的 CGH 补偿干涉测量技术

陈善勇　戴一帆　薛　帅　李圣怡　著

科学出版社

北　京

内 容 简 介

本书系统论述计算机生成全息图(CGH)补偿器在光学自由曲面的干涉测量中的应用技术。全书共6章,第1～3章介绍光学自由曲面的基本概念及应用现状,详细论述CGH补偿器设计方法及其在离轴凸非球面和自由曲面测量实践中的应用;第4、5章论述CGH与子孔径拼接方法结合,用于大口径柱面反射镜和凸非球面镜的测量,详细介绍了基于双回转CGH的可变补偿原理与设计方法;第6章论述新型可编程CGH的补偿检测方法,使用空间光调制器和高次非球面补偿器实现大范围像差补偿以及加工过程中局部大误差的自适应补偿。本书既包含测量实践中总结的CGH补偿器设计方法,又包含作者所在团队近十年来关于子孔径拼接与可变补偿等方面的最新成果。本书力图理论联系实际,书中引用的大部分测量实例来源于具体的科研项目。

本书适合从事光学系统设计、加工、检验或计量测试研究的科研人员和工程技术人员阅读,也可以作为精密工程、光学加工与检测等相关专业研究生的教学参考书。

图书在版编目(CIP)数据

光学自由曲面的CGH补偿干涉测量技术/陈善勇等著. —北京:科学出版社,2020.7

ISBN 978-7-03-065692-6

I. ①光… Ⅱ. ①陈… Ⅲ. ①曲面–光学–研究 Ⅳ. ①O43

中国版本图书馆 CIP 数据核字(2020) 第 126551 号

责任编辑: 周 涵 赵 颖 / 责任校对: 彭珍珍
责任印制: 吴兆东 / 封面设计: 无极书装

斜 学 出 版 社 出版
北京东黄城根北街 16 号
邮政编码: 100717
http://www.sciencep.com
北京建宏印刷有限公司 印刷
科学出版社发行　各地新华书店经销
*
2020 年 7 月第 一 版　开本: 720×1000 B5
2022 年 1 月第三次印刷　印张: 13 1/2
字数: 273 000
定价: 98.00 元
(如有印装质量问题, 我社负责调换)

前　　言

　　测量是现代光学加工的前提，尤其是以面形误差作为反馈补偿的确定性修形加工方式，面形测量精度直接决定了加工精度。光学自由曲面的根本特性是非回转对称性，其复杂灵活的形状特征赋予了光学系统新的活力，但也带来了超精密测量技术的挑战。传统光学面形测量采用波面干涉测量为主要技术手段，能够准确获得三维分布的面形误差，但用于自由曲面测量则需要辅助的补偿器来平衡像差，将干涉仪发出的标准平面或球面波前转换成与之匹配的测试波前。由于自由曲面的非回转对称性，传统球面透镜组形式的补偿器已不再适用。计算机生成全息图 (CGH) 是在光学基板上制作衍射结构，通过光的衍射，原理上可以生成指定的任意复杂曲面波前，已经成为光学自由曲面干涉测量的首选补偿器。

　　在光学设计中用非对称曲面来灵活校正像差的例子可以追溯到 20 世纪 50 年代末的眼视光学系统，采用自由曲面设计渐进多焦点镜片。20 世纪 70 年代初，美国 Itek 公司首次报道在非球面的干涉测量中应用 CGH 来补偿像差。麻省理工学院林肯实验室首次利用超大规模集成电路 (VLSI) 制作技术制作出相位型 CGH 后，随着 VLSI 制作工艺的快速发展，CGH 越来越多地应用于复杂光学面形测量。

　　光学制造和检测水平的跃升往往能推动光学系统设计、装调及应用的变革性发展。20 世纪七八十年代以来，以计算机控制光学表面成形 (CCOS) 技术为代表的光学加工技术以及补偿干涉检验技术逐渐发展成熟，在 30 余年内，非球面取代传统的球面成为光学系统设计的主角。进入 21 世纪后，以磁流变抛光、离子束抛光等为代表的新一代光学加工技术日渐成熟，其高可控确定性使得离轴非球面得到广泛应用，自由曲面也开始崭露头角。光学自由曲面极大地增加了系统设计的自由度，可显著提高消除复杂像差的能力，其应用也从早期的照明、红外领域向可见光、紫外光等短波段成像系统拓展，因而面形日趋复杂而精度要求越来越高。CGH 的使用一旦扫清了自由曲面测量以及受其制约的加工技术的障碍，势必带来光学自由曲面系统应用的新一轮繁荣。

　　国防科技大学智能装备精密工程研究室长期从事超精密加工、光学研抛及检测等领域的研究工作。在 2011~2016 年期间承担了 973 计划项目 "空间光学先进制造基础理论及关键技术研究" 和国家自然科学基金项目 "基于双回转相位板的复杂面形拼接测量理论与方法"，针对大口径凸非球面和自由曲面测量，提出了基于双回转 CGH 的可变像差补偿器设计及近零位补偿的子孔径拼接算法；在 2016~2018 年期间承担了湖南省自然科学杰出青年基金项目 "光学柱面反射镜面形误差的超精密测量理论与方法"，针对大口径柱面反射镜的 CGH 补偿及子孔径拼接测量理论与方法进行系统研究；2018 年开始承担中国工程物理研究院科学挑战专题课题 "高陡度复杂曲面的高精度检测和稳健评价方法"，研究高陡度复杂曲面测量误差补偿、拼接优化与面形重构评价等方法；2019 年开始又承担了装备技术基础重点项目，开展复杂光学曲面 CGH 补偿检验的计量方法研究。本书是上述研究成果的总结与梳理，希望面向从事光学设计、加工与检测的广大科技工作者，从整体上提供离轴非球面、柱面、自由曲面等复杂光学面形的干涉测量解决方案。

　　本书根据现代光学系统中的面形从传统非球面向离轴非球面、自由曲面逐渐过渡的发展趋势，系统论述 CGH 补偿器在光学自由曲面测量中的应用。全书共 6 章。第 1 章为绪论，主要介绍光学自由曲面的基本概念、应用现状及几何像差基础知识，简要介绍波面干涉测量原理及其动态测量范围受限的问题，引出补偿器的重要性。第 2 章详细介绍 CGH 补偿器设计方法，包括相位函数与载频设计、干扰级次分析、投影畸变校正以及制造工艺介绍。第 3 章以典型的离轴凸非球面、自由曲面和共体多曲面的测量为例，进一步论述 CGH 如何应用于光学复杂面形的测量实践中，特别突出其同时测得多个曲面的面形和位置误差的能力，并针对 CGH 补偿检验所特有的基板误差、衍射结构制作误差等因素进行误差分析与测量表征。第 4 章针对大口径柱面反射镜，论述 CGH 零位补偿与子孔径拼接测量相结合的方法，介绍柱面子孔径的失调像差特性、柱面 CGH 补偿器设计以及子孔径拼接算法等。第 5 章针对非球面离轴子孔径像差变化的特点，详细介绍基于双回转 CGH 的可变补偿器的原理与设计方法，实现不同离轴位置子孔径像差的近零位补偿，论述近零位子孔径拼接算法及其在大口径凸非球面测量中的应用。第 6 章论述新型可编程 CGH 的补偿检测方法，包括使用空间光调制器作为可编程 CGH 的波前校准和自由曲面波前的生成、加工过程中局部大误差的自适应补偿与智能解析，介绍使用高次非球面单透镜实现大范围像差补偿的 "万能补偿器"，并与空间光调制器组合，完成多个不同面形的测量。

　　本书由李圣怡统筹策划并制订写作提纲，第 1~3 章由陈善勇、戴一帆撰写，第 4、6 章由薛帅、陈善勇撰写，第 5 章由陈善勇、李圣怡撰写，研究生陈威威协助完成了书稿格式整理和图表、公式编排等工作。

　　本书首次系统论述 CGH 在光学自由曲面补偿检验中的应用技术，既详细阐述了测量实践中总结得来的 CGH 补偿器设计方法，又包含了作者所在团队近十年来关于子孔径拼接与可变补偿等技术相结合的最新成果。除了内容新颖、紧跟前沿的特点，本书的另一个特点是重视工程实践应用，所列举的大部分测量实例都来源于具体并得到成功应用的科研项目。书中大部分内容散见于国内外光学领域一流期刊，将其总结成体系则是本书的主要贡献。

　　本书写作过程中参考了国内外学者的大量文献，特别是第 1 章绪论和第 2 章

CGH 补偿器设计的内容，虽然力求在参考文献中详细列出，但可能还不够全面，在此对有关作者表示歉意和诚挚的感谢。同时，光学自由曲面的制造和检测技术发展迅速，有很多其他正在探索和发展中的测量方法本书并未涉及，对于 CGH 测量误差溯源的研究也有待深入，加之作者水平有限，书中不妥之处还恳请广大同行和读者斧正。

　　最后，还要特别感谢研究室的所有老师和已毕业或尚在读的研究生，正是大家多年积累的研究成果才使本书内容形成体系；感谢科学出版社对本书出版的大力支持，感谢周涵编辑对本书从策划到出版的全程帮助。

作　者
2019 年 6 月

目　　录

第1章 绪 论

1.1 光学自由曲面

1.1.1 光学自由曲面的概念及内涵

自由曲面的形状是复杂多变的,因为变化形式自由,目前还没有统一的准确定义。人们一旦尝试去定义它就意味着要规定一些约束法则,与自由曲面的本义相背离。较为普遍接受的是 Besl[1] 给出的定义:自由曲面是其法向有定义且除顶点、边和尖点外,法向处处连续的曲面。在计算机辅助设计与制造领域,非均匀有理 B 样条 (Non-Uniform Rational B-Spline, NURBS) 已经成为事实上的工业标准,提供了自由曲线、曲面的一种统一的数学描述模型 [2],Bézier 曲线、曲面和 B 样条曲线、曲面都可以看作是 NURBS 曲线、曲面的特例,而 NURBS 曲面的局部修改特性则是其比 Bézier 曲面更适合于设计和描述复杂曲面的突出优点。

光学面形是光学系统中参与形成光学性能的功能性表面。传统光学系统设计主要采用平面和球面,可提供设计优化的变量较少,例如,球面通常只有曲率半径、透镜中心厚度和材料折射率等几个设计变量。因此,为了达到高质量成像的目标,人们不得不采用多个球面元件的组合形式。非球面是形状上与球面有偏离的一类曲面,常见的有抛物面、椭球面、双曲面等二次曲面,也有包含更高阶项的高次非球面。以光轴为 Z 轴,坐标系建立在曲面顶点上,式 (1-1) 是国际上采用的回转对称非球面的数学方程

$$z = \frac{r^2/R}{1+\sqrt{1-(k+1)r^2/R^2}} + Ar^4 + Br^6 + Cr^8 + \cdots \tag{1-1}$$

其中,r 为垂直光轴方向的径向坐标;R 为顶点曲率半径;k 为非球面的二次常数,$k=-e^2$,e 为偏心率。式中后面各项表示非球面的高阶项,当只取等号右边第一项时,表示严格的二次曲面。二次曲面也常用如下方程来表示

$$r^2 = 2Rz - (1-e^2)z^2 \tag{1-2}$$

表 1.1 给出了不同二次常数对应的曲面类型,图 1.1 是其对应的母线,其中扁球面是椭圆绕其短轴旋转而成的二次曲面。Zemax 光学设计软件中偶次非球面 (Even Asphere) 使用的是顶点曲率 $c=1/R$,在第二项还包括了二阶项 r^2。需要注意的是,有时候由于设计坐标系与软件中的坐标系 Z 轴方向定义相反,在使用中除了 c 或 R 要取相反数外,后面各高阶项的系数也要相应地取相反数。

表 1.1　不同二次常数对应的曲面类型

二次常数	$k=0$	$k<-1$	$k=-1$	$-1<k<0$	$k>0$
曲面类型	球面	双曲面	抛物面	椭球面	扁球面

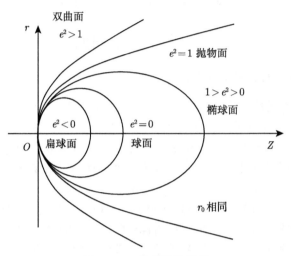

图 1.1　二次曲面的母线

　　除了球面的几个设计变量外,非球面还有二次常数 k,高阶项系数 A、B、C 等更多的参数,为光学系统优化提供了更多自由度,因而可以用更少的非球面来达到同样甚至更优的成像质量。自由曲面则进一步打破回转对称性约束,引入了更多的设计自由度,使得人们可以对光场特性进行精细调控,因而在现代光学系统中,无论是非成像系统还是成像系统,都得到了越来越广泛的应用。

　　虽然目前还没有光学自由曲面的统一定义,越来越多的研究人员认同其根本特性是非回转对称性,或者回转轴不是母线的对称轴。因此光学自由曲面并不一定是图 1.2(a) 所示的一般意义上的形状不规则变化曲面,还包括如图 1.2(b) 所示的超环面等规则曲面 [3−11]。超环面的截面图形 (圆形) 的对称轴与回转轴线不重合,按偏心方向分别形成桶形或轮胎面,并且考虑到制造和检测问题的相似性,微透镜或微结构阵列有时也被归入光学自由曲面中 [3,5,11],如图 1.2(c) 所示的仿生人工复眼微透镜阵列结构 [12]。本书关注的是面形测量问题,因而研究对象不涉及微结构阵列型自由曲面。值得一提的是,回转曲面的离轴部分 (如离轴非球面) 也可归入自由曲面。如图 1.3(a) 所示,离轴非球面的几何中心与母镜光轴存在一个离轴量,尽管离轴部分可看作是回转对称的母镜上的一部分,但在加工和检测中,通常不考虑母镜而直接作用于离轴部分,如图 1.3(b) 所示。由于失去了回转对称性,离轴非球面的加工和检测与自由曲面没有实质区别。

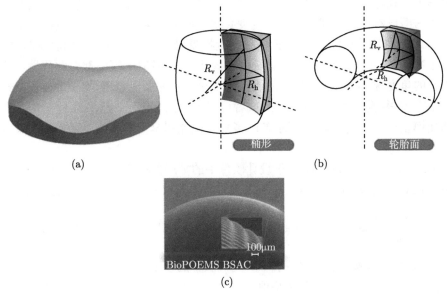

图 1.2　光学自由曲面

(a) 不规则变化曲面；(b) 超环面 (桶形和轮胎面)；(c) 微透镜阵列结构

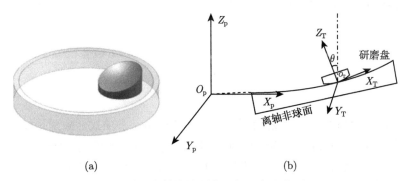

图 1.3　离轴非球面也可归入自由曲面

(a) 离轴非球面是回转对称母镜上的离轴部分；(b) 离轴非球面的加工与检测具有非回转对称性

　　光学自由曲面设计常用平面或二次曲面基础上加上高阶多项式的形式来描述，并且因为没有回转对称性，通常会包含 X、Y 的交叉项，如 Zernike 多项式[9]、XY 多项式[10,13] 和 Forbes 的梯度正交 Q 多项式[14,15] 等，而 B 样条曲面应用还不多，尽管具有很好的局部修改特性，但光线追迹较困难[16]。一个好的数学模型除了能够用较少的参数来表达广泛的曲面类型，还要考虑计算效率和优化能力，包括多项式值和一阶导数、二阶导数的计算等，因为在光学设计过程中会不断进行光线追迹和迭代寻优。此外，对于从事光学制造与检测的技术人员来说，还希望在曲面的数学表达式与其可制造性或加工难度之间建立关联 [17]，例如，Q 多项式的系数能直接与面形斜率或非球面偏离量的变化率等联系起来 [18]。传统模型在表示中高频变化、接近制造约束极限的曲面时显得捉襟见肘，不得不使用很多高阶项且拟合精度不高，目前应用最多的 Zernike 多项式和 XY 多项式模型都有此问题。从曲面拟合的角度看，用标准正交基的线性组合来表示曲面更合理，Zernike 多项式和梯度正交 Q 多项式都具有正交性，或者可以进行正交化，文献 [15] 针对这两种自由曲面模型进行了对比研究；而 XY 多项式模型用幂函数作为基函数，不具有正交性。

XY 多项式对应 Zemax 光学设计软件中的扩展多项式 (Entended Polynomial) 模型，由式 (1-1) 等号右边第一项的二次曲面加上 XY 多项式组成，定义如下

$$z = \frac{\left(x^2 + y^2\right)/R}{1 + \sqrt{1 - (k+1)\left(x^2 + y^2\right)/R^2}} + C_1 x + C_2 y + C_3 x^2 + C_4 xy + C_5 y^2 + \cdots \quad (1\text{-}3)$$

其中，XY 多项式按照升幂顺序排列，同一次幂的项则按 x 的降幂顺序排列。多项式最高支持 20 次幂，最多有 230 项。

Zernike 多项式常用如下极坐标形式 [19,20]：

$$Z\left(u, v\right) = \sum_{n=1}^{n_{\max}} \left\{ A_n Q_n^0\left(\rho\right) + \sum_{m=1}^{n} Q_n^m\left(\rho\right) \rho^m \left[B_{nm} \cos\left(m\theta\right) + C_{nm} \sin\left(m\theta\right)\right] \right\} \quad (1\text{-}4)$$

其中，A_n, B_{nm} 和 C_{nm} 是多项式系数；

$$Q_n^m\left(\rho\right) = \sum_{s=0}^{n-m} \left(-1\right)^s \frac{(2n-m-s)!}{s!\left(n-s\right)!\left(n-m-s\right)!} \rho^{2(n-m-s)} \quad (1\text{-}5)$$

Zemax 光学设计软件中采用两种形式的 Zernike 多项式，分别是 Zernike 条纹多项式 (Zernike Fringe Polynomials) 和 Zernike 标准多项式 (Zernike Standard Polynomials)，区别在于多项式项的顺序不一样，前者最多有 37 项，且不包含部分高阶项；后者用的是标准正交基，其连续形式在单位圆上是正交的。对于非圆形口径，可用 Gram-Schmidt 标准正交化进行处理 [21]，如常见的环形 [22] 或多边形口径，都可以得到正交多项式表达。此外，有时候需要在直角坐标系下进行多项式拟合甚至求取导数值，应将多项式从极坐标 (ρ, θ) 的函数转换为直角坐标 (x, y) 的函数，可利用 Fierz 系数和 Jacobi 多项式推导得到直角坐标系下封闭形式的 Zernike 多项式 [23]。

1.1.2 光学自由曲面的应用现状

成像光学系统作为探测与感知任务的关键载荷，其用途实际上就是分辨期望视场内特定的最小尺寸目标。光学系统的设计、制造和装调水平决定其成像探测

的能力，而制造水平的跃升往往能推动光学系统设计、装调及应用的变革性发展。
20 世纪七八十年代以来，以计算机控制光学表面成形 (Computer-Controlled Optical
Surfacing, CCOS)[24,25] 技术为代表的光学加工技术以及补偿干涉检验技术逐渐发
展成熟，在 30 余年内，非球面取代传统的球面成为光学系统设计的主角。例如，哈
勃望远镜使用主次镜均为双曲面的 Ritchey-Chretien(R-C) 系统，视场达到 28'[26]。
进入 21 世纪后，以磁流变抛光、离子束抛光为代表的可控柔体抛光技术日渐成熟，
其高可控确定性使得离轴非球面得到长足发展，相比同轴非球面系统的突出优势是
没有中心遮拦，可将视场增大到几度甚至十几度。例如，中国科学院长春光学精密机
械与物理研究所 (以下简称 “长春光机所”) 设计的某离轴三反相机，主三镜采用高
次非球面，次镜为扁球面，视场角达到 $10° \times 1°$ [27]。具备超视距、高分辨、大视场、宽
光谱和灵巧化等高性能指标的光学成像系统代表前沿发展方向，然而要继续增大视
场，同时提高全视场像质则又遇到了新的技术瓶颈。以光学自由曲面为代表的复杂
曲面可以具有任意形位结构，可大大增加系统设计的自由度，提高消除复杂像差的
能力，同时对缩小空间结构、简化系统装调十分有利，有望带来光学成像系统的变革
性发展。例如，长春光机所研制的自由曲面离轴四反相机可达到弧矢方向 76° 的线
视场 [28,29]；清华大学设计的自由曲面离轴三反成像系统在子午方向拥有 70° 线视
场 [30,31]。图 1.4 是同轴非球面 (哈勃望远镜)—离轴非球面—自由曲面光学系统设
计的演变趋势。

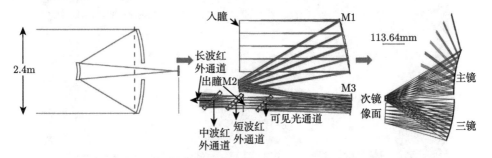

图 1.4　同轴非球面—离轴非球面—自由曲面光学系统设计的演变趋势

1.1.2.1　眼视光学系统中的自由曲面应用

在光学设计中用非对称曲面来灵活校正像差的例子可以追溯到 20 世纪 50 年
代末的眼视光学系统，Kanolt[32] 在 1959 年获授权的美国专利中，采用 XY 多项
式曲面来设计渐进多焦点镜片。事实上早在 1784 年 Franklin 就发明了双光镜来矫
正人眼老视，后来又出现了三光镜。但是双光镜存在明显的区域分界，屈光度突变
使得人眼在视远区和视近区转换时视像断裂而造成干扰 [33]。渐进多焦点镜片也被
称为渐进加光镜片 (Progressive Addition Lens)，在视远区和视近区之间设计了屈

光度连续渐进式增加的过渡区, 如图 1.5(a) 所示 [34], 镜片分为四个区域, 其中视远区 1 区屈光度较小; 视近区 2 区屈光度较大; 渐进加光区 3 区为连接视远区和视近区的过渡区, 这三个区一起称为有效视力区; 4 区在镜片左右两侧, 主要是像散, 不参与矫正视力。图 1.5(b) 是一个设计实例, 分别给出了镜片上的屈光度和像散分布。由于采用了自由曲面设计, 这种眼镜片可根据用户的视力特点进行个性化定制 [34]。

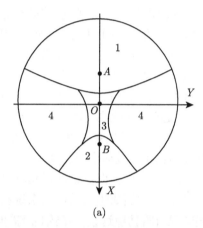

(a)

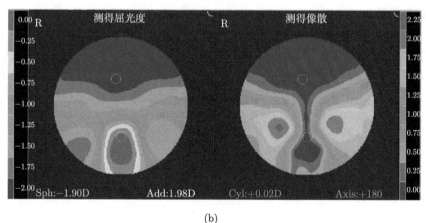

(b)

图 1.5　自由曲面渐进式眼镜片 (扫描封底二维码可看彩图)

(a) 镜片上的四个区域划分; (b) 测得屈光度和像散分布

汽车后视镜在驾驶员人眼光学系统的前端, 主要功能是扩大视野, 尽量减小驾驶员盲区, 起着 "第二双眼睛" 的作用。早期的平面后视镜得到与目视大小相同的像, 但视野太小。为此改用凸面镜以增大视野, 最初是用球面镜, 但存在畸变严重、距离感差和四周有晕眩等问题。采用不同曲率半径的凸面组合, 又存在图像断裂等问题，于是发明了渐变曲面镜和多曲面镜[35]。图 1.6 所示为汽车后视镜的盲区示意图[36]，有可能相邻车道的整辆车都位于盲区之内，而曲率半径优化设计的自由曲面后视镜可以有效扩大视野。图 1.7(a) 是平面后视镜的视野，图 1.7(b) 是自由曲面后视镜的视野，对比效果十分明显[37]。

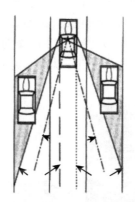

图 1.6　汽车后视镜的盲区示意图

(a)　　　　　　　　　　　　　　　(b)

图 1.7　汽车后视镜的视野范围

(a) 平面后视镜；(b) 自由曲面后视镜

1.1.2.2　投影显示光学系统中的自由曲面应用

投影显示光学系统是自由曲面应用较早的一个领域，起初是在阴极射线管 (Cathode Ray Tube, CRT) 等显示器的照明光学系统中用于光线传输控制，以及在激光打印机、复印机和数字印刷系统中用于 f-θ 扫描透镜进行光束控制，例如，清华大学设计的自由曲面 f-θ 透镜的线视场达到 $\pm60^\circ$[38]。

头盔显示器 (Head Mounted Display, HMD) 也是自由曲面应用的典型光学系统，它将小型的二维显示器所产生的影像进行放大，产生类似观察远方目标的效果。HMD 可用来显示指挥命令、战场实时情况、战地地形，同时还可以实现夜视和火炮瞄准的功能。传统的共轴透镜组形式的目镜无法同时满足大视场、小体积和高成像质量等要求；投影式 HMD 采用投影物镜代替目镜[39]，并利用反射屏折转使得系统结构更紧凑，特别是采用自由曲面棱镜能够同时实现大视场和小型轻量化目标。图 1.8 所示为一种光学透视式 HMD 中的自由曲面棱镜结构，其中楔形自由曲面棱镜作为近眼光学系统用于放大微显示器的图像，视场达到 $36°$，S_2 为全反射面，S_3 为半透半反面[40]。光学透视式 HMD 还需要对真实场景成像，由于真实场景中的目标经过楔形棱镜后，光线会发生严重的折转和偏移而产生较大畸变，为此在楔形棱镜之前加上一个辅助棱镜，以保证传播到人眼的真实景物图像无畸变[41]，其视场达到 $50°$。

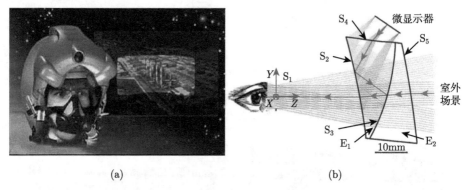

(a)　　　　　　　　　　　　　(b)

图 1.8　HMD 中的自由曲面棱镜结构

　　与 HMD 光学系统类似，投影仪中的投影光学系统也可用自由曲面，同时实现短焦距超大画面投影，且结构紧凑化[42]。如图 1.9 所示，利用两个自由曲面反射镜减小投影仪的投射距离，屏幕尺寸 80in*，投影距离仅 50cm[43,44]。

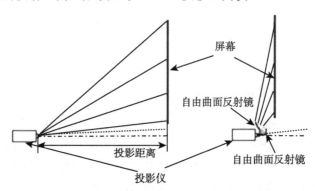

图 1.9　短焦距投影仪中的自由曲面反射镜

---

* 1in = 2.54cm。

1.1.2.3 相机镜头中的自由曲面应用

光学自由曲面在商业化产品中应用最早的例子通常都认为是 1972 年的 Polaroid SX-70 可折叠相机 [11,45]，用两个自由曲面透镜来校正像差 (图 1.10)。应用自由曲面可显著减少光学元件个数，使得系统结构更加紧凑，同时改善全视场像质，这个优势在手机镜头中更能充分体现出来。图 1.11 是用两个自由曲面棱镜组成的手机镜头模组，视场 60°，该镜头已由日本 Olympus 开发 [46]。

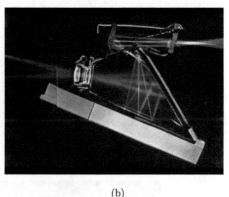

(a)   (b)

图 1.10　Polaroid SX-70 可折叠相机

图 1.11　手机镜头模组中的自由曲面

全景成像系统可以直接获得大于半球视场 (360°×180°) 的空间环境信息，而无须进行扫描，在安全监控、移动机器人视觉等方面有重要应用前景。通常全景成像采用鱼眼广角镜头或一套双曲反射镜组成的成像系统 [47]，获得的图像有严重的畸变且需要进行后续柱面投影变换等处理，如图 1.12 所示 [48]；而用自由曲面反射镜可以减小畸变，并且控制成像光线的传输，直接获得柱面投影的图像，如图 1.13 所示 [11,49]。

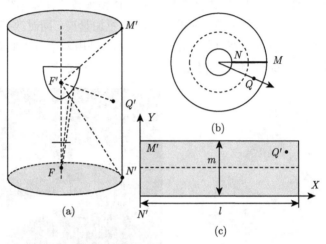

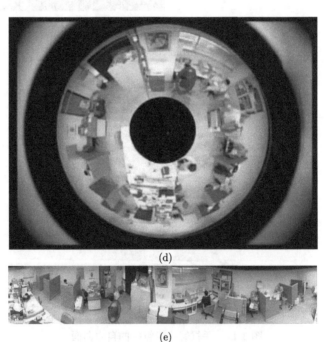

图 1.12 全景图像柱面投影变换原理及实例

(a) 虚拟柱面成像原理；(b) 全景图像平面；(c) 柱面展开图；(d) 获取的全景图像；(e) 柱面展开还原图像

图 1.13 自由曲面全景反射镜成像

1.1.2.4 空间光学成像系统中的自由曲面应用

空间光学成像系统是当前光学自由曲面应用最活跃的领域之一，文献 [31] 对自由曲面在空间光学成像系统中的应用情况进行了综述，本小节内容以之为主要参考。自由曲面的引入，为光学设计人员提供了更多的设计自由度，能够在复杂结构约束条件下获得优异的像质。

1) 用于红外目标探测的 $f/\#$ 成像系统

由于红外探测目标一般辐射能量较低，空间红外成像系统通常希望 $f/\#$ 较小，以收集较多的红外辐射，获取较高的信噪比，从而增大红外目标探测距离，增强目标识别能力。清华大学与天津大学合作研制了一款自由曲面离轴三反红外成像系统，如图 1.14(a) 所示，其 $f/\#$ 为 1.38，视场角为 4°×5°，工作在中波和长波红外波段 (7.5~13.5μm)，成像质量接近衍射极限。在该系统中，次镜为非球面，且充当系统的孔径光阑，主镜和三镜为自由曲面。实验测定系统的噪声等效温差为 41mK，最小可分辨温差在 0.5 周/mrad 空间频率处为 95mK，在 1 周/mrad 空间频率处为 229mK，具有很强的红外探测与识别能力 [50]。

2) 用于空间遥感、测绘领域的大视场成像系统

在空间遥感、测绘领域常采用线视场成像系统搭载线阵探测器，基于推扫方式完成地面目标的二维图像获取，成像系统线视场角的大小直接决定了观测幅宽。长春光机所研制的自由曲面离轴四反成像系统在弧矢方向上拥有 76° 的线视场角，如图 1.14(b) 所示。系统焦距为 550mm，$f/\#$ 为 6.5，工作在可见光和近红外波段 (0.45~0.95μm)。除主镜外的三片反射镜均为自由曲面 [51]。

3) 用于红外热成像的带实出瞳的成像系统

在红外热成像系统中，希望有实出瞳，与冷光阑相匹配，实现尽可能高的冷光阑效率。图 1.14(c) 是清华大学设计的带有实出瞳的自由曲面离轴三反成像系统，三片反射镜均为自由曲面，其 $f/\#$ 为 1.667，视场角为 4°×0.1°(水平方向线视场)，

工作于长波红外波段 (8~12μm)，成像质量接近衍射极限。该系统的实出瞳位于系统末端、像面之前，在此安装相匹配的冷光阑与制冷型探测器，理论上能够实现100%的冷光阑效率[52]。

4) 无焦系统

无焦系统在空间光学成像领域也有重要应用，常被用作后续成像系统或光谱分析系统的前置望远系统。德国耶拿大学研制了一款自由曲面离轴四反无焦系统，是欧洲航天局 IRLS(Infrared Limb Sounder) 仪器中的一部分，作为傅里叶变换红外光谱仪的前置望远系统。如图 1.14(d) 所示，该系统的物方视场角为 (±0.47°)×(±3.22°)，像方视场角为 (±1.61°)×(±1.41°)，将 150mm×25mm 矩形入瞳变换为50mm×50mm 的方形出瞳。系统工作于长波红外波段 (6~13μm)，成像质量达到衍射极限。该系统中的四个反射面均为自由曲面[53]。

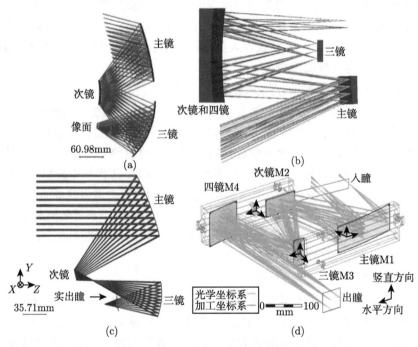

图 1.14 空间光学成像系统中的自由曲面

(a) 红外成像系统；(b) 空间遥感相机；(c) 有实出瞳的三反成像系统；(d) 四反无焦系统

值得注意的是，上述几款空间自由曲面成像系统均体现了一个共同特征，就是"多面共体"，即将系统中的多个反射镜面共用一个镜体，例如，图 1.14(a) 和 (c) 是主镜、三镜共体，图 1.14(b) 中次镜和四镜共体，图 1.14(d) 中主镜、三镜共体，次镜和四镜也是共体的，其反射镜实物照片如图 1.15 所示[54]。因为装调困难是传统自由曲面光学系统面临的一大挑战，反射镜数目的增加对应装调自由度以 6 的幂级数增长。多面共体将多个复杂曲面以确定的位置关系加工在一个光学元件上，通过超精密加工和检测技术直接保证多个反射镜的相对位置和姿态关系，可极大地降低系统装调难度。

 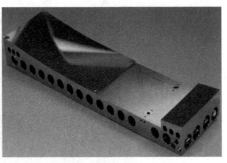

(a)　　　　　　　　　　　　　　　　　　(b)

图 1.15　多面共体反射镜实物照片

(a) 主镜、三镜共体；(b) 次镜、四镜共体

5) 结构高度紧凑化的望远镜系统

美国罗切斯特大学 Rolland 研究小组采用一种新颖巧妙的系统布局，研制了一款结构高度紧凑的自由曲面离轴三反成像系统，如图 1.16 所示[55]。成像光束在多次反射传输过程中相互交错 "覆盖"，高度压缩了系统的封装体积，充分体现了自由曲面在特殊结构系统设计方面的优势。该系统的 $f/\#$ 为 1.9，视场角为 6°×8°，工作于长波红外波段 (8~12μm)。经实验测定，系统的成像质量可以达到衍射极限。

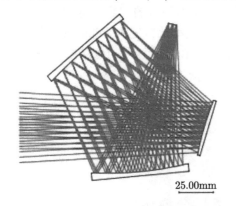 

25.00mm

图 1.16　结构高度紧凑的自由曲面离轴三反成像系统

Optimax Systems 公司设计了一种类似结构的成像系统，并且将所有反射面共用一个镜体，形成一个单块棱镜式望远镜系统，如图 1.17 所示；也可以是图 1.18

所示的单块反射式望远镜系统, 不过成像还不能达到衍射受限条件 [56]。

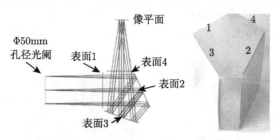

图 1.17　单块棱镜式望远镜系统

图 1.18　单块反射式望远镜系统

　　此外, Rolland 研究小组还以超光谱成像系统为例, 采用自由曲面可获得比传统球面或非球面系统的体积减小 5 倍的紧凑化设计结果, 且光谱宽度扩展 3 倍, 空间带宽扩大 2 倍 [57]。采用 NURBS 曲面描述设计的自由曲面成像系统, 也展示了相比于常规非球面设计或 XY 多项式的设计结果有更好的成像性能, 例如, 一个视场角为 10°×9°、$f/\#$ 为 2 的三反系统, 空间分辨率比常规的非球面系统高 4 倍, 比 10 阶 XY 多项式系统高 2.5 倍 [58]。英国 SCUBA-2 远红外 (太赫兹) 相机中采用 9 块自由曲面反射镜, 将视场范围提升了 12 倍 (图 1.19)[59]。

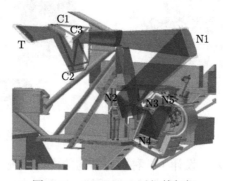

图 1.19　SCUBA-2 远红外相机

1.1.2.5   共形光学系统中的自由曲面应用

航空共形 (Conformal) 光学窗口的外表面形状常常也是某种非对称的自由曲面，如图 1.20(a) 所示 [60]，可减小空气阻力以获得更好的动力学性能，同时还能保持优质的光学特性。用于研究高超声速流动的风洞实验段观察窗口也是典型的自由曲面共形窗口，通过风洞实验对其内流流场结构进行观测与拍摄，能够认识三维激波与三维边界层之间的复杂干扰流动现象，为内流流动机理研究提供依据。为了减少对内流的干扰，风洞光学观察窗必须是完全共形的异型曲面，如图 1.20(b) 所示成对使用四个不同的自由曲面 [61]。

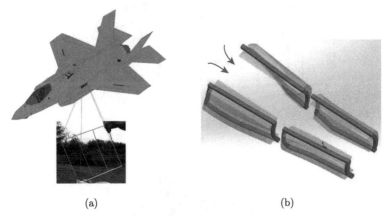

(a)   (b)

图 1.20   共形光学自由曲面

(a) 飞机上的共形光学窗口；(b) 风洞光学流动观察窗曲面

1.1.2.6   计算成像系统中的自由曲面应用

计算成像是指用数字计算而不是光学处理的方式来获取和处理数字图像的技术 [62]，它可以提高成像系统性能，或用更简单的光学结构实现复杂的成像功能，如光场相机、景深延拓成像系统等 [63]。计算成像利用强大的数字计算能力来弥补光学成像系统的不足，例如，普通光学成像系统受到焦深和收集光能矛盾的限制，光能利用率高的系统数值孔径也很大，相应地景深很小，成像性能对离焦十分敏感。波前编码技术能够解决这个矛盾，有效延拓景深。波前编码将光学成像与图像处理相结合，在传统光学系统出瞳或孔径光阑处加入一个特殊形式的编码板，对成像波前进行调制使光学系统对像面离焦不敏感，再对图像进行复原，得到一个在很大的离焦范围内都比较清晰的像 [64]。波前编码技术由科罗拉多大学的 Dowski 和 Cathey[65] 于 1995 年提出，传统成像系统只能在共轭焦面附近很小范围内得到清晰的像，波前编码技术则在包含共轭焦面和整个离焦范围内的成像都是模糊的，如图 1.21(a) 所示 [66]，但通过图像复原可以得到整个离焦范围内的清晰图像。编码板有立方相位板、对数相位板 [67] 或正弦相位板 [68] 等多种形式；图 1.21(b) 所示为立方相位板，相位函数由立方项 $(x^3 + y^3)$ 组成，是典型的非回转对称的自由曲面。

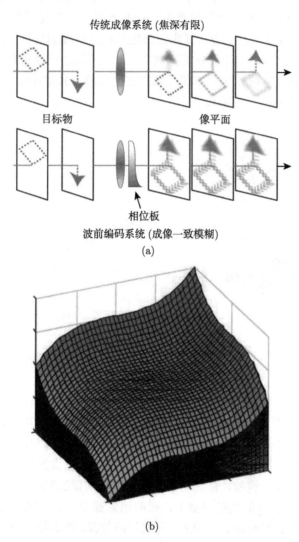

(b)

图 1.21　波前编码技术中的自由曲面

(a) 波前编码与传统成像的区别；(b) 立方相位板

　　波前编码与图像处理技术是有本质区别的，它是通过相位板对光束进行编码，改变光线原有传播方向，在焦面前后变成均匀细光束，起到抑制传统像差、延拓景深等作用。这正得益于自由曲面灵活的光束调制能力，在大景深显微镜 [66,69]、红外相机无热化[70,71]和遥感相机[72]、望远镜[73]的焦移补偿等都有应用前景。

1.1.2.7 非成像光学系统中的自由曲面应用

上述成像系统主要关注成像质量，尽可能减小几何像差，而非成像系统的主要目标是收集或散布能量，例如，照明系统中用自由曲面来调控光场能量分布，使被照明区域在更大范围内尽可能均匀[74,75]；太阳能光伏系统可看作是照明系统的逆过程，也可用自由曲面聚光镜来提高能量收集率。文献 [44] 对自由曲面在非成像系统中的应用情况进行了综述，由于通常情况下非成像系统对自由曲面的面形精度要求不高，不属于本书讨论的范围，在此不再赘述。

总之，光学自由曲面等复杂面形已经崭露头角，可以预计在未来数十年内成为先进光学系统的主角。特别是随着光学系统波长由红外向可见光延伸，自由曲面的面形精度相应地也要求达到深亚微米量级甚至更高，成为决定成像质量的关键。

自由曲面复杂灵活的形状特征，赋予了光学系统新的活力，但也给其超精密加工和检测带来巨大的挑战。检测是现代光学加工的前提，光学自由曲面的面形检测难题已经成为制约其制造和应用的瓶颈。波面干涉检验在传统光学面形测量中发挥了重要作用，但如何适应光学自由曲面的高精度、复杂形状特征，还有待进一步深入研究。

1.2 几何像差与波像差

1.2.1 单色几何像差

光学系统理想成像是指 "点物成点像"，即从某个物点发出的所有光线经过光学系统后都会聚在一个像点，或者等价地说是在像空间的几何波前为理想球面且球心在像点处。瑞利 (Rayleigh) 曾经证明，如果是理想成像，那么连接物点及其共轭像点的所有光线必须等光程 (Optical Path Length, OPL)[76,77]。实际光学系统偏离理想成像条件，用像差来描述。其中单色像差是由成像光束偏离近轴 (Paraxial) 条件而引起的，一阶像差理论对应近轴光学 (高斯光学) 的一阶近似，即 $\sin\theta \approx \theta$，如果考虑更高阶项，即 $\sin\theta \approx \theta - \theta^3/6$，那么就得到三阶像差理论，主要包括 5 项初级像差 (Seidel 像差)，即球差、彗差、像散、场曲和畸变。色差是由材料折射率随波长变化而引起的，因本书讨论的是单色激光作为光源的干涉测量系统，不考虑色差。

1.2.1.1 三阶像差理论

从近轴理论出发分析一个光学系统的像差，第一步就是要建立级数展开的解析函数模型。如图 1.22 所示，光线从 X 轴上高度为 $-h$ 的位置出发，通过系统孔

径光阑上 (r, θ) 处在像平面上相交于 (x, y) 处。

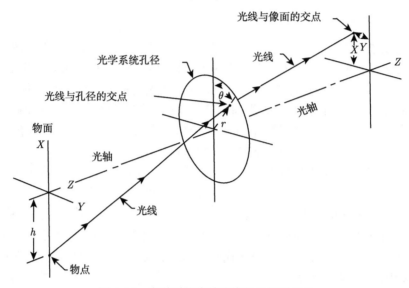

图 1.22   光学系统像差建模的坐标系定义

根据费马 (Fermat) 原理可推导得到光学哈密顿函数 (Optical Hamiltonian Function)，对其进行 Taylor 级数展开得到像平面上的点坐标 (x, y) 满足如下方程 [76]:

$$
\begin{cases}
x = A_1 r \cos\theta + A_2 h + B_1 r^3 \cos\theta + B_2 r^2 h \left(2 + \cos 2\theta\right) \\
\quad + \left(3B_3 + B_4\right) r h^2 \cos\theta + B_5 h^3 + \cdots \\
y = A_1 r \sin\theta + B_1 r^3 \sin\theta + B_2 r^2 h \sin 2\theta + \left(B_3 + B_4\right) r h^2 \sin\theta + \cdots
\end{cases}
\tag{1-6}
$$

其中，A_1 确定了像平面位置，若 $A_1 = 0$ 对应为高斯像平面，此时 A_2 就是系统的垂轴放大率。

1.2.1.2 球差

式 (1-6) 中 B_1 项对应球差 (Spherical Aberration, SA)，是三阶项中唯一与物高 h 无关的，因此球差是轴上点 ($h = 0$) 成像存在的唯一的单色像差。$B_1 r^3$ 表示像平面上不再是一个像点，而是一个圆斑，即不同孔径高度 r 的光线对应像平面上的像点高度不同，如图 1.23 所示，其偏离近轴像点的量就称为横向球差 (Transversal Spherical Aberration)。对于同一孔径高度 r 的光线，总能找到合适的像平面位置 (A_1) 使得式 (1-6) 中 A_1 项与 B_1 项抵消，即光线会聚于轴向某个位置的像点，而不同孔径高度的光线在轴上的像点位置也不一样，其偏离近轴像点的量称为轴向球差 (Longitudinal Spherical Aberration)。

$B_1 > 0$ 对应正球差,此时边缘光线的像点离光学系统更近;反之为负球差,边缘光线的像点离光学系统更远。正透镜恒产生负球差,负透镜恒产生正球差。

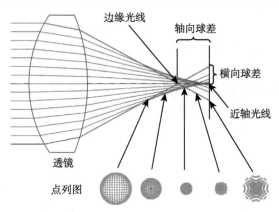

图 1.23 球差形成原理

1.2.1.3 彗差

轴外像差对应轴外物点成像的情形,是轴外物点发出的光线相对光学系统失去了对称性引起的,其中彗差 (Coma) 对应式 (1-6) 中 B_2 项。从 x 中的 $B_2 r^2 h \cos 2\theta$ 项和 y 中的 $B_2 r^2 h \sin 2\theta$ 项可知,像点坐标关于方位角 θ 的周期为 $180°$,因此像平面上对应两个重叠的圆。如图 1.24 所示 [76],光线经过孔径光阑上相差 $180°$ 的两点 (标记为 1),在像平面上将对应同一点;孔径光阑上相差 $90°$ 的两点 (1 和 3),在像平面上对应点相差 $180°$。另外,式 (1-6) 中还有 x 的另一项 $2B_2 r^2 h$,表示像平面上的圆的位置还有 X 方向的偏移,不同孔径高度 r 的光线在像平面上形成的圆的平移量不同,圆的半径也不同,因此形成了图 1.24 所示的锥形 (彗星拖尾状) 光斑,锥形的顶点在近轴像点,张角为 $60°$(因为偏移量 $2B_2 r^2 h$ 等于圆的直径)。

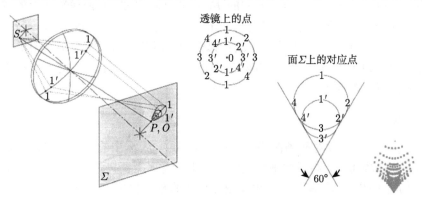

图 1.24 彗差形成原理

$B_2 > 0$ 对应正彗差，此时锥形开口远离光轴；反之为负彗差，锥形开口靠近光轴。彗差与 h 成正比，因此即使是轴外的小视场成像，彗差也可能比较严重。

1.2.1.4　像散

像散 (Astigmatism) 对应式 (1-6) 中 B_3，是由子午面和弧矢面内光线的非对称性引起的。子午面是由光轴和物点确定的平面，弧矢面是与子午面垂直且包含主光线 (轴外物点发出的过孔径光阑中心的光线) 的平面。如图 1.25 所示 [76]，子午光线入射到光学系统的角度更大，因此折射后 "弯曲" 更厉害，对于正透镜来说，光线会聚的像点离系统更近。

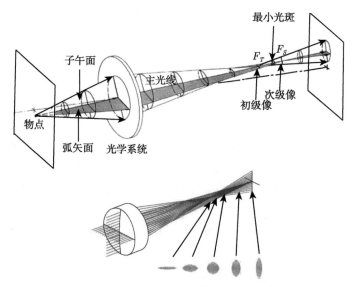

图 1.25　像散形成原理 (标注子午面、弧矢面)

从 x 中的 $3B_3rh^2\cos\theta$ 项和 y 中的 $B_3rh^2\sin\theta$ 项可知，高斯像平面上的像点坐标是一个椭圆，且长轴是短轴的三倍。当改变像平面的轴向位置 (改变 A_1) 时，只能抵消 x 或 y 中的一项，因此子午面和弧矢面光线分别对应两个不同的像平面位置，光线聚焦为一根焦线。像散与物点高度的平方 h^2 成正比，因此物点越是远离光轴，像散将显著增大。

1.2.1.5　场曲

式 (1-6) 中 B_4 项对应场曲 (Field Curvature)。从 x 中的 $B_4rh^2\cos\theta$ 项和 y 中的 $B_4rh^2\sin\theta$ 项可知，高斯像平面上的像点坐标是一个圆斑。但与球差不同，它还与物点高度的平方 h^2 有关。因此改变像平面的轴向位置，对于同一高度 h 的物点，A_1 项能与 B_4 项抵消 ($A_1 = -B_4h^2$)；不同高度 h 的物点，对应像点的轴向位置不同。这等效于焦面不再是平面而是抛物面, 即物平面内的物体将成像在抛物面的焦面上, 如图 1.26 所示。

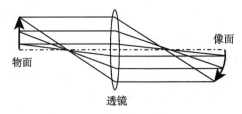

图 1.26 场曲形成原理

正透镜的 $B_4 > 0$, 负透镜的 $B_4 < 0$, 通过正负透镜组合可实现平场设计, 使场曲互相抵消, 称之为 Petzval 条件。

当轴外光束无限接近主光线时, 没有彗差, 但可能有像散和场曲。子午 (弧矢) 细光束交点相对于高斯像面的距离为细光束子午 (弧矢) 场曲, 子午光线对的交点与弧矢光线对的交点沿轴向的偏差为像散。有像散必有场曲, 有场曲未必有像散。像散和场曲与物点高度的平方 h^2 成正比, 因而随视场增大而迅速增大。

1.2.1.6 畸变

式 (1-6) 中 B_5 项对应畸变 (Distortion), 与孔径坐标 r 和 θ 均无关, 物点发出的光线能理想聚焦到像平面的一个像点上。该项 $B_5 h^3$ 可与放大率 $A_2 h$ 合并在一起, 它表明像点高度与物点高度 h 除了线性比例关系外, 还有三阶项, 从而引起畸变。畸变使得成像发生变形, 但不影响清晰度。

$B_5 > 0$ 对应枕形畸变, 边缘的放大率比靠近中心的放大率更大; $B_5 < 0$ 对应桶形畸变, 边缘的放大率比靠近中心的放大率更小, 如图 1.27 所示。

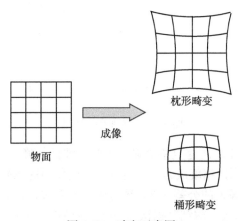

图 1.27 畸变示意图

1.2.2 波像差

几何光学中的"点物成点像"相当于物点发出的球面波经过光学系统后,变为会聚到像点的球面波 (不考虑有限孔径的衍射效应),实际光学系统由于存在像差,出射波面并非理想球面波,其偏离量或者说实际波面与理想波面的光程差 (Optical Path Difference, OPD) 就是波像差 (Wave Aberration)。波像差与成像质量评价指标 (如 Strehl 比、光学传递函数等) 有密切联系,特别是波面干涉测量得到的光程差,就是受被测光学面形或系统调制后的波像差。

图 1.28 是轴上物点成像的波像差示意图,P_0' 是近轴像点,参考球面半径为 R,以近轴像点为球心,实际波面和参考球面均经过出瞳中心 O。考察光线 GR_0,在高斯像平面上交于点 $P_0''(x_i, y_i)$,其坐标可由波面函数 $W(x, y)$ 的偏导数近似得到 [78]

$$(x_i, y_i) = \frac{R}{n}\left(\frac{\partial W}{\partial x}, \frac{\partial W}{\partial y}\right) \tag{1-7}$$

式中,n 为折射率。由此可见,波像差通过偏导数可与几何像差建立联系,具体推导过程可参考几何光学相关教材或专著 [78,79]。

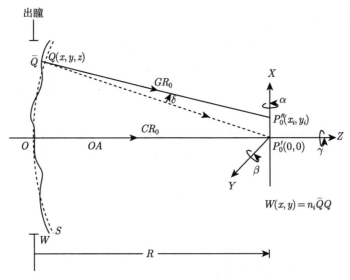

图 1.28 波像差示意图

波像差与几何像差之间有直接联系,因此以波像差峰谷 (Peak-to-Valley, PV) 值作为评价依据的瑞利判据就成为一种方便而广泛使用的像质评价方法,利用它可以判断成像系统几何像差的公差,或系统是否衍射受限,即几何像差足够小,使得衍射效应的贡献更为重要。瑞利判据认为,若系统波像差 PV 值小于 λ/4 (λ 为系统工作波长),则可认为系统是衍射受限的。瑞利判据一般适用于望远镜、显微镜等小像差系统, 它假定了系统仅有初级像差。衡量系统像质还有较广泛采用的 Maréchal 判据, 认为系统波像差的均方根 (Root-Mean-Square, RMS) 值不超过 $\lambda/14$[19], 则成像接近衍射极限。这一判据来源于以下事实: 光滑波面因离焦引起的波像差 RMS 值是其 PV 值的 1/3.5, 因此 RMS 值不超过 $\lambda/14$ 与瑞利判据的 PV 值不超过 $\lambda/4$ 等价。不过对于不那么光滑的波面, 如含有高阶像差或制造误差时, 这个比值还会更大些, 所以也有以 RMS 值不超过 $\lambda/20$ 为判据的 [77]。

波像差常用式 (1-4) 和式 (1-5) 定义的 Zernike 多项式来描述, 一方面是因为它具有单位圆上正交的特性, 另一方面也是因为多项式的前几项与 Seidel 像差有明确的对应关系 [80]。表 1.2 是 Zernike 多项式的前 11 项表达式及其对应的几何像差, 多项式的更高阶项对应高阶像差; 图 1.29 给出了常见几何像差对应的波像差

表 1.2　Zernike 多项式的前 11 项表达式及其对应的几何像差

Zernike 项	多项式表达式	物理意义
Z_0	1	常数项 (Piston)
Z_1	$2\rho\cos\theta$	X 倾斜 (Tilt-X)
Z_2	$2\rho\sin\theta$	Y 倾斜 (Tilt-Y)
Z_3	$\sqrt{3}(2\rho^2-1)$	离焦
Z_4	$\sqrt{6}\rho^2\sin 2\theta$	45° 方向像散和 Y 倾斜
Z_5	$\sqrt{6}\rho^2\cos 2\theta$	0° 方向像散和 X 倾斜
Z_6	$\sqrt{8}(3\rho^3-2\rho)\sin\theta$	Y 彗差与 Y 倾斜
Z_7	$\sqrt{8}(3\rho^3-2\rho)\cos\theta$	X 彗差与 X 倾斜
Z_8	$\sqrt{8}\rho^3\sin 3\theta$	三叶形
Z_9	$\sqrt{8}\rho^3\cos 3\theta$	三叶形
Z_{10}	$\sqrt{5}(6\rho^4-6\rho^2+1)$	球差和离焦

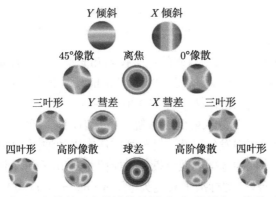

图 1.29　常见几何像差对应的波像差图形 (扫描封底二维码可看彩图)

图形。这里再次强调，Zemax 光学设计软件中有两种形式的 Zernike 多项式，分别是 Zernike 条纹多项式和 Zernike 标准多项式，其多项式定义的顺序和系数并不相同。

1.3　波面干涉测量

1.3.1　波面干涉测量基础

干涉测量技术利用光波的干涉原理实现高精度光学镜面的面形检测。如图 1.30(a) 所示，当从 1 和 2 两点发出光波的简谐振动满足同频率、同方向和相位差恒定的干涉条件时，两个光波传播到同一点 p 处形成相干叠加，叠加后的光强是如图 1.30(b) 所示的余弦函数分布：

$$I = I_1 + I_2 + 2\sqrt{I_1 I_2} \cos \Delta\varphi \tag{1-8}$$

其中，$\Delta\varphi = \varphi_2 - \varphi_1 = (2\pi/\lambda)\mathrm{OPD}$，是由光程差 (OPD) 确定的相位差，不同位置因光程差不同而呈现明暗相间的干涉条纹，如图 1.30(c) 所示。

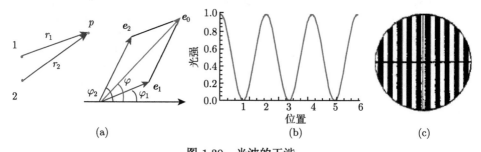

图 1.30　光波的干涉

(a) 相干叠加；(b) 光强的余弦函数分布；(c) 干涉条纹

1907 年 Michelson 以其 "精密的光学仪器和光谱分析与计量方面的研究" 而获得诺贝尔奖，被称为 "干涉测量之父"[81]，Michelson 干涉仪也成为目前广泛应用的 Twyman-Green 干涉仪的原型，如图 1.31(a) 所示。激光器发出的光束准直后被分束器分为两部分，一部分入射到参考镜上被反射回来，另一部分入射到被测镜上被反射回来，两者相遇发生干涉。另一种广泛应用的波面干涉仪是 Fizeau 干涉仪，在 Newton 干涉仪的基础上改进获得，如图 1.31(b) 所示。激光器发出的光束准直后，一部分被干涉仪的标准平面镜头 (Transmission Flat, TF) 或标准球面镜头 (Transmission Sphere, TS) 反射回来，作为参考光束；而透过 TF 或 TS 的一部分是测试光束，经过被测镜面反射后沿原路返回。与 Twyman-Green 干涉仪的双臂构型不同，Fizeau 干涉仪的参考臂和测试臂是共光路的。无论哪一种波面干涉仪，其得以推广应用还要归功于激光器的发明。1964 年 Townes 因其在量子电子学，特别是微波激射器和激光器方面的研究工作，与苏联另外两位科学家一起荣获诺贝尔奖。激光是具有高度空间相干性和时间相干性的强光源，它的出现解决了波面干涉仪的光源问题，使其真正可用于波面测试。此前使用光谱灯作为光源，相干性差且强度太低，只能在相当有限的距离内获得干涉条纹。

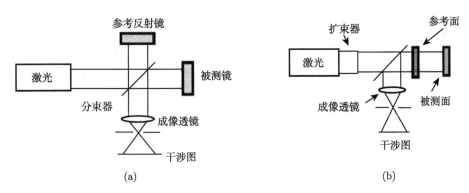

图 1.31 波面干涉仪的两种构型

(a) Twyman-Green 干涉仪；(b) Fizeau 干涉仪

传统的干涉测量技术采用静态条纹分析方法，通过比较实际干涉条纹与理想干涉条纹 (通常是一组平行等距的直条纹) 的形状，确定被测波面的误差。这种方法仅仅对暗条纹进行采样分析，分辨率低且要求对被测镜面人为地引入倾斜以形成清晰的干涉条纹，因而精度较低。目前静态条纹分析仍然是波面干涉仪所保留的基本功能，特别是在大中型镜面测量中不适合移相时，它可以发挥重要作用。

引入相位调制技术则是现代波面干涉测量的主要特征之一，其中移相干涉测量技术是一种最常用的动态干涉图处理方法，与静态条纹分析法相比，具有抑噪性能好、精度高、实时动态等特点，是目前波面干涉仪采用的成熟方法[82]。其原理是通过有规则地平移参考反射镜 (如在一个波长范围内等距离地平移数次)，使干涉场中的任意一点的光强呈正弦变化，获取不同位置处的干涉图样 (帧)，利用正弦函数的正交性，可以得到被测相位。移相干涉测量技术可对整个干涉图样进行高密度等精度采样，并且不需要人为引入倾斜，即使是零条纹情形也可以准确获得被测波面的误差，无论是测量精度还是自动化程度都有显著提高。

然而移相过程使得干涉测量对环境变化特别敏感，尤其在测量大中型镜面时，很难机械隔离开被测镜与测试光路的支撑结构，而且长光路还存在空气扰动问题；另外，空间光学用的大口径轻质镜通常需要在真空低温环境下测量，振动无法避免又很难控制。传统的移相干涉仪采集 4~5 帧干涉图约需要 120~150ms，意味着振动频率必须控制在 0.5Hz 以下，而大多数地板振动在 20~200Hz 范围，所以需要隔振[83]。解决振动问题的根本措施是采用瞬时干涉仪 (Instantaneous Interferometer)，它采用偏振技术，不需要进行移相。其基本要求是分离参考光与测试光并使参考光与测试光的偏振方向正交，可同时获得 3 幅或 4 幅相差 90° 的干涉图，因而极大地缩短了采样时间。瞬时干涉仪完成一次测量只需要 10μs 的时间[84]。由于不需要移相，瞬时干涉仪的另一个好处是可以通过扩束测量大中型镜面。传统的干涉仪测量大中型镜面时，如果将参考镜头放在扩束器前面，那么扩束器的面形误差会引入被测面形结果中；如果将参考镜头放在扩束器后面，则必然要求对大口径的参考镜头进行移相驱动，实现起来比较困难。瞬时干涉仪发展迅速，代表性的产品有美国 ESDI 公司 (Engineering Synthesis Design Inc.) 的 Intellium H2000 干涉仪、4D Technology 公司的 PhaseCam 和 FizCam。此外，Zygo 公司使用快速机械移相干涉 (QPSI) 技术和载波条纹法的 DynaFiz 干涉仪也具有很好的抗振动能力。

1.3.2　零位测试

用波面干涉仪进行光学镜面的干涉测量，基本要求是参考光束与测试光束相遇发生干涉，如果被测镜面是无制造误差的理想面形，那么满足零位测试 (Null Test) 条件时将会得到理想的直条纹 (被测面有倾斜) 或零条纹。例如，无制造误差的平面镜测量时，如果透过 TF 的准直光束沿法向入射到被测镜，将会得到零条纹；无制造误差的球面镜测量时，要求透过 TS 的球面波的球心处于共焦位置，即与被测球面镜的球心重合，此时也得到零条纹。图 1.32(a) 和 (b) 分别是凹球面和凸球面测量光路。受其限制，平面镜的测量口径不大于干涉仪 TF 的有效口径，凸球面的测量口径小于干涉仪 TS 的有效口径。

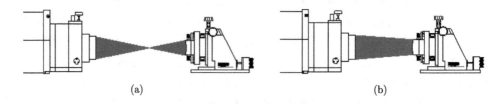

(a)   (b)

图 1.32　球面镜的零位测试

(a) 凹球面测量光路；(b) 凸球面测量光路

干涉仪测量实际上是测试光束相对参考光束的光程差，也就是波像差，它与被测镜的面形误差 h 有一个比例换算关系，称为比例因子 (Scale Factor)。通常平面或球面的零位测试对应比例因子为 0.5，即 $h = 0.5 \cdot \text{OPD}$，被测面上的面形误差对其反射的测试波前进行了两倍的调制，如图 1.33 所示。

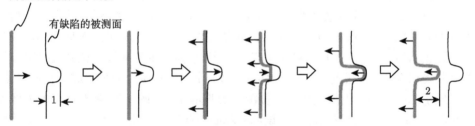

图 1.33 OPD 与面形误差的比例因子

平面镜测量也可以采用如图 1.34 所示斜入射方法来扩大测量范围,此时准直光束倾斜入射到被测面上,再通过一个标准平面镜反射回来。该方法只能增大倾斜方向上的测量范围,适合于椭圆形或矩形口径的平面测量,此时的比例因子与入射角 θ 有关:$h = \mathrm{OPD}/(4\cos\theta)$。

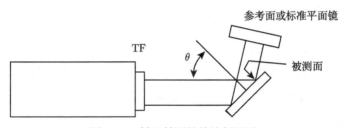

图 1.34 斜入射测量的比例因子

透过波前的测量也可以采用类似斜入射方法来扩大测量范围,如图 1.35 所示,被测平板倾斜放置于干涉仪 TF 与标准平面镜之间,此时的比例因子较复杂,可由几何关系推导得到:$h = OPD/(2(n\cos i_2 - \cos i_1))$,其中 n 是被测平板的折射率,i_1 和 i_2 分别是入射角和折射角。

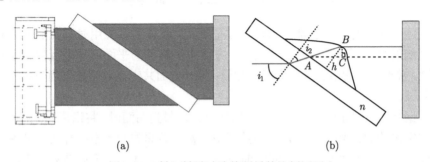

(a)　　　　　　　　(b)

图 1.35 斜入射透过波前测量的比例因子

对于非球面,由于干涉仪发出的测试光束只能是平面波或球面波,与被测非球面波前存在相位差,不能直接进行零位测试。但是二次曲面利用其共轭点性质,借助辅助的平面或球面镜，也可以实现零位干涉测量。共轭点是一对无像差点，满足"点物成点像"的光学共轭条件，即从其中一点发出的球面波，经二次曲面反射后可以无误差地会聚到另一个点。例如，抛物面的焦点与无穷远点、椭球面的两个焦点、双曲面的两个焦点都是一对共轭点。使干涉仪发出的球面波测试光束的球心与某个共轭点重合，并借助一个曲率中心与另一个共轭点重合的平面或球面反射镜，便组成了二次曲面的无像差点法零位测试的基本光路。图 1.36 是椭球面的无像差点法测量光路，干涉仪发出球面测试波的球心与椭球面远焦点重合，测试光束被椭球面反射环会聚到近焦点，在近焦点同心放置一个球面反射镜，可将测试光束原路反射回来。此时，被测镜上不同环带的入射角都不同，比例因子也相应是变化的。不过对于陡度不高的镜面，通常近似取相同的比例因子，考虑到被测镜上光线被两次反射，有 $h \approx \text{OPD}/4$。无像差点法与仅发生一次反射的测量方法相比，测量灵敏度提高了一倍，但动态范围也减小为一半。

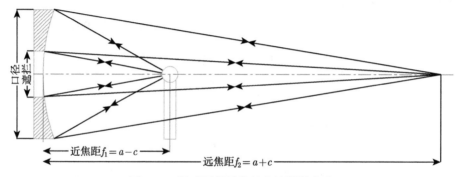

图 1.36 椭球面的无像差点法测量光路

1.4 零位补偿器

上述二次曲面理论上都可以进行零位测试，然而实际应用时却受到光路结构上的限制而存在不足甚至难以实现：一方面由于辅助的平面或球面反射镜存在中心遮拦，被测镜面的中心区域不能被测量；另一方面共轭点对距离太远也将不利于零位测试。

根据光的反射定律，几何光线沿法线方向入射到曲面时，将沿原路返回。由于干涉仪发出的测试光束只能是平面波或球面波，而非球面上不同环带的曲率半径是连续变化的，不再有一个共同的曲率中心，因此测试光束不可能处处沿着法线方向入射到非球面上，即使没有面形误差，干涉图也不是零条纹，称为非零位测试 (Non-Null Test)。此时的干涉条纹形状反映了非球面偏离最佳拟合球面的量即非球面度大小，非球面度太大时，条纹密度超过了探测器的奈奎斯特 (Nyquist) 采样频率, 即超出干涉仪的动态测量范围。传统补偿检验通过计算非球面上各带的法线与光轴的交点位置和角度, 即法线像差, 使得干涉仪发出的平面波或球面波通过一个合适的补偿镜后与被测非球面匹配, 即沿着其法线方向入射并且沿原路返回, 再次经过补偿镜后可以变成完好的会聚球面波返回干涉仪, 实现零位测试。这种补偿检验称为法线像差补偿法, 其原理相当于由辅助的补偿镜产生虚拟的非球面样板, 即通过补偿器将干涉仪发出的标准平面或球面波变换成非球面波, 传播到被测面处与之理想匹配。

补偿镜的设计通常只能消除非球面若干环带 (包括边缘带) 的法线像差, 即各环带光线与近轴光线经过补偿镜和被测镜面后将相交于轴上同一点。其他环带的法线像差仍然存在, 在实际加工时总是修到看不到误差为止, 对应零位测试的无条纹理想情形 [85]。因此补偿检验与上面提到的无像差点法零位测试是不同的, 后者在原理上各带均不存在剩余像差。二次曲面无像差点法测试中若存在光路上的困难, 通常可考虑采用补偿检验方法克服。

作为辅助元件, 补偿镜本身应是易于制造和检测的简单光学元件, 如平面或球面, 从而易于保证高精度要求。传统补偿器分为反射式和折射式两种, 其中最常用的是 Offner 补偿镜和 Dall 补偿镜。Dall 补偿镜为一个平凸透镜, 例如, 相对口径小于 1:5、二次常数小于零的二次曲面镜, 可用一个 Dall 透镜置于镜面曲率中心之前 (图 1.37) 实现补偿检验 [85]。

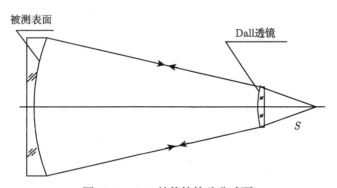

图 1.37 Dall 补偿镜检验非球面

折射式 Offner 补偿镜由一块单透镜和一块场镜组成。单透镜几乎全部补偿非球面产生的球差, 场镜则把透镜成像到非球面上, 从而可以有效减小其口径。例如, 相对口径较大的二次曲面, 采用 Dall 补偿镜时剩余像差太大, 可将补偿镜移到曲率中心后, 在曲率中心附近引入场镜, 大大降低剩余像差, 如图 1.38(a) 和 (b) 所示分别为折射式和反射式 Offner 补偿检验光路图。

无论是反射式还是折射式补偿器, 都具有回转对称性的平面和球面镜组合, 只适合于回转对称非球面的检验。对于离轴非球面和自由曲面，因为没有回转对称性，通常采用基于衍射原理的计算机生成全息图 (Computer Generated Hologram, CGH, 简称计算全息) 作为补偿器。有时也将离轴非球面被看作是回转对称母镜的一部分，如图 1.39(a) 所示，补偿器光轴应与母镜光轴重合，由此带来的问题是干涉仪电荷耦合器件 (Charge Coupled Device, CCD) 上有效数据采样区域太小，被测面上采样分辨率不高。除了面形误差外，离轴非球面测量还必须严格控制离轴量等位置公差，因为非球面离轴位置稍微变化，即可能在干涉检验系统波前中引入显著的轴外像差，包括像散和彗差等。因此离轴非球面测量中，如果离轴位置存在偏差，所测得的波像差中像散将占据主导地位。通常为了控制离轴量公差，需要找正干涉仪即补偿器光轴与被测非球面光轴的相对位置。图 1.39(b) 所示离轴非球面即是制作了光轴中心 (在被测子镜以外) 辅助标记，通过内聚焦望远镜将该标记对准补偿器光轴。从原理上讲，为避免采样分辨率不高的问题，也可采用图 1.39(c) 所示检测光路，将干涉仪倾斜一个角度并更换 $f/\#$ 更大的球面镜头，使得被测离轴非球面成像基本占据整个 CCD 像平面。但是如何对准干涉仪和补偿器使之处于确定的倾斜角度，是个不容忽视的新问题。

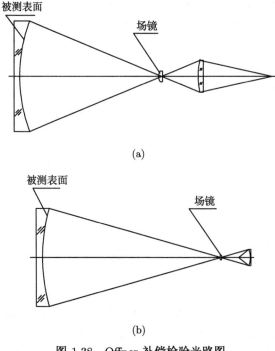

(a)

(b)

图 1.38　Offner 补偿检验光路图

(a) 折射式；(b) 反射式

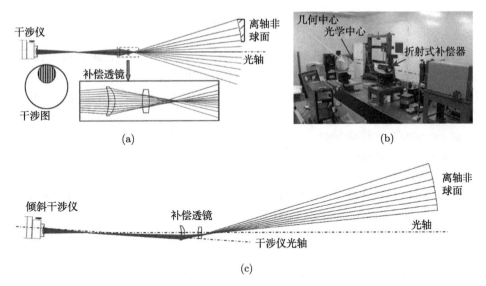

图 1.39 使用折射式补偿器的离轴非球面检验

(a) 测量光路图；(b) 测量现场；(c) 倾斜干涉仪的零位检验

CGH 作为补偿器要灵活得多，通过计算从被测面传播到 CGH 衍射面的光场和从干涉仪传播到衍射面的光场相位差，就可以由计算机生成衍射图样。利用激光直写或电子束直写方法，对光掩模曝光显影后进行刻蚀，在单个光学平板上制作出相应的衍射结构，原理上就可以生成指定的任意复杂曲面波前。CGH 已经成为离轴非球面、自由曲面干涉检验的首选，如图 1.40 所示，测量时干涉仪和 CGH 轴线是与被测面几何轴线对准或接近的，被测面成像几乎充满干涉仪的 CCD 像面。本书后面各章将详细讨论 CGH 在光学复杂面形测量中的应用，在此不再赘述。

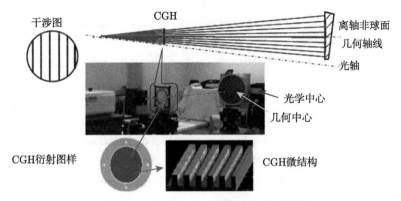

图 1.40 使用 CGH 的离轴非球面检验

参 考 文 献

[1] Besl P J. The free-form surface matching problem[C] // Freeman H. Machine Vision for Three Dimensional Scenes. New York: Academic, 1990: 25-71.

[2] Piegl L, Tiller W. The NURBS Book[M]. Berlin Heidelberg: Springer-Verlag, 1995.

[3] Claytor N E, Combs D M, Oscar Lechuga M, et al. An overview of freeform optics production[C]. ASPE, 2004.

[4] Garrard K, Bruegge T, Hoffman J, et al. Design tools for freeform optics[C]. Proc. of SPIE, 2005, 5874: 95-105.

[5] Jiang X, Scott P, Whitehouse D. Freeform surface characterisation—A fresh strategy[J]. Annals of the CIRP, 2007, 56: 553-556.

[6] Savio E, De Chiffre L, Schmitt R. Metrology of freeform shaped parts[J]. Annals of the CIRP, 2007, 56: 810-835.

[7] Menke C.What's in the designer's toolbox for freeform systems?[C]. Renewable Energy and the Environment Congress, 2013.

[8] Tricard M, Bajuk D. Practical examples of freeform optics[C]. Renewable Energy and the Environment Congress, 2013.

[9] Rolland J P, FuerschbachK, Bauer A, et al. Freeform optics enabling optics in three dimensions[C]. Imaging and Applied Optics, 2013.

[10] Zhu J, Yang T, Jin G. Design method of surface contour for a freeform lens with wide linear field-of-view[J]. Optics Express, 2013, 21(22): 26080-26092.

[11] Fang F Z, Zhang X D, Weckenmann A, et al. Manufacturing and measurement of freeform optics[J].CIRP Annals-Manufacturing Technology, 2013, 62: 823-846.

[12] Lee L P, Szema R. Inspirations from biological optics for advanced photonic systems[J]. Science, 2005, 310(5751): 1148-1151.

[13] Yabe A. Representation of freeform surfaces suitable for optimization[J]. Applied Optics, 2012, 51(15): 3054-3058.

[14] Forbes G W. Characterizing the shape of freeform optics[J]. Optics Express, 2012, 20(3): 2483-2499.

[15] Kaya I, Thompson K P, Rolland J P. Comparative assessment of freeform polynomials as optical surface descriptions[J]. Optics Express, 2012, 20(20): 22683-22691.

[16] Jester P, Menke C, Urban K. B-spline representation of optical surfaces and its accuracy in a ray trace algorithm[J]. Applied Optics, 2011, 50(6): 822-828.

[17] Forbes G W. Manufacturability estimates for optical aspheres[J]. Opt. Express, 2011, 19(10): 9923-9941.

[18] Forbes G W. Shape specification for axially symmetric optical surfaces[J]. Opt. Express, 2007, 15(8): 5218-5226.

[19] Wyant J C. Chapter 1 Basic wavefront aberration theory for optical metrology[M] // Applied Optics and Optical Engineering Xl. New York: Academic Press, 1992: 27-39.

[20] Mahajan V N. Chapter 13 Zernike Polynomials and Wavefront Fitting[M]. In Optical Shop Testing. 3rd ed., New Jersey: John Wiley & Sons, 2007: 498-546.

[21] Swantner W, Chow W W. Gram-Schmidt orthonormalization of Zernike polynomials for general aperture shapes[J]. Applied Optics, 1994, 33(10): 1832-1837.

[22] Mahajan V N. Zernike annular polynomials for imaging systems with annular pupils[J]. J. Opt. Soc. Am., 1981, 71(1): 75-85.

[23] Carpio M, Mdacara D. Closed Cartesian representation of the Zemike polynomials[J]. Optics Communications, 1994, 110: 514-516.

[24] Jones R A. Computer-controlled optical surfacing with orbital tool motion[J]. Opt. Eng., 1986, 25: 785-790.

[25] Jones R A, Plante R L. Rapid fabrication of large aspheric optics[J]. Precis. Eng., 1987, 9: 65-70.

[26] Lallo M D. Experience with the Hubble Space Telescope: 20 years of an archetype[J]. Optical Engineering, 2012, 51(1): 011011.

[27] 孟庆宇, 王维, 纪振华, 等. 主三镜一体化离轴三反光学系统设计 [J]. 红外与激光工程, 2015, 44(2): 578-582.

[28] Zhang X, Zheng L G, He X, et al. Design and fabrication of imaging optical systems with freeform surfaces[C]. Proc. SPIE, 2012, 8486: 848607.

[29] Zhang X, Xue D, Li M, et al. Designing, fabricating and testing freeform surfaces for space optics[C]. Proc. SPIE, 2013, 8838: 88380N.

[30] Hou W, Zhu J, Yang T, et al. Construction method through forward and reverse ray tracing for a design of ultra-wide linear field-of-view off-axis freeform imaging systems[J]. Journal of Optics, 2015, 17(5): 1-11.

[31] 朱钧, 吴晓飞, 侯威, 等. 自由曲面在离轴反射式空间光学成像系统中的应用 [J]. 航天返回与遥感, 2016, 37(3): 1-8.

[32] Kanolt C W. Multifocal opthalmic lenses[P]. United States, Patent 2878721. 1959.

[33] 王之江. 现代光学应用技术手册 (上册)[M]. 北京: 机械工业出版社, 2010: 318.

[34] Tang Y, Wu Q, Chen X, et al. A personalized design for progressive addition lenses[J]. Opt. Express, 2017, 25(23): 28100-28111.

[35] 王卫华. 汽车大视野后视镜的理论建模与应用技术研究 [D]. 武汉: 武汉理工大学, 2006.

[36] Adjust mirrors to eliminate blind spots[R]. UNH T2 Center, Road Business, Summer, 2007, 22: 2.

[37] Hicks R A. Controlling a ray bundle with a free-form reflector[J]. Opt. Lett., 2008, 33(15): 1672-1674.

[38] Zhu J, Yang T, Jin G. Design method of surface contour for a freeform lens with wide linear field-of-view[J]. Opt. Express, 2013, 21(22): 26080-26092.

[39] 张以谟. 现代应用光学 [M]. 北京：电子工业出版社，2018: 232.

[40] 高源，刘越，程德文，等. 头盔显示器发展综述 [J]. 计算机辅助设计与图形学学报，2016, 28(6): 896-904.

[41] Wang Q, Cheng D, Wang Y, et al. Design, tolerance, and fabrication of an optical see-through head-mounted display with free-form surface elements [J]. Applied Optics, 2013, 52(7): C88-99.

[42] 庄振锋. 自由曲面在非成像光学以及成像光学中的应用研究 [D]. 杭州：浙江大学，2014.

[43] Muñoza F, Benítezb P, Miñanob J C. High-order aspherics: the SMS nonimaging design method applied to imaging optics[C]. Proc. of SPIE, 2008, 7061: 70610G.

[44] 程颖. 光学自由曲面设计方法及应用研究 [D]. 天津：天津大学，2013.

[45] Plummer W T. Free-form optical components in some early commercial products[C]. Proc. of SPIE, 2005, 5865: 586509.

[46] 张以谟. 现代应用光学 [M]. 北京：电子工业出版社，2018: 385.

[47] Yoshida K, Nagahara H, Yachida M. An omnidirectional vision sensor with single viewpoint and constant resolution [C]. Proceedings of the 2006 IEEE/RSJ International Conference on Intelligent Robots and Systems, October 9-15, 2006, Beijing, China.

[48] Wang M L, Huang C C, Lin H Y. An intelligent surveillance system based on an omnidirectional vision sensor [C]. IEEE, 2006.

[49] Hicks R A. Direct methods for freeform surface design [C]. Proc. of SPIE, 2007, 6668: 666802.

[50] Zhu J, Hou W, Zhang X, et al. Design of a low F-number freeform off-axis three-mirror system with rectangular field-of-view[J]. Journal of Optics, 2014, 17(1): 1-8.

[51] Zhang X，Zheng L G, Xin H, et al. Design and fabrication of imaging optical systems with freeform surfaces[C]. Proc. of SPIE, 2012, 8486: 848607.

[52] Yang T, Zhu J, Jin G. Starting configuration design method of freeform imaging and a focal systems with a real exit pupil[J]. Applied Optics, 2016, 55(2): 345-353.

[53] Beier M, Hartung J, Peschel T, et al. Development, fabrication, and testing of an anamorphic imaging snap-together freeform telescope[J]. Appl. Opt., 2015, 54(12): 3530-3542.

[54] Beier M, Fuhlrott W, Hartung J, et al. Large aperture freeform VIS telescope with smart alignment approach[C]. Proc. of SPIE, 2016, 9912: 99120Y.

[55] Fuerschbach K, Davis G E, Thompson K P, et al. Assembly of a freeform off-axis optical system employing three ϕ-polynomial Zernike mirrors[J]. Opt. Lett., 2014, 39(10): 2896-2899.

[56] Lawson J L, Blalock T, Medicus K. Freeform monolithic multi-Surface telescope manufacturing[C]. Design and Fabrication Congress, 2017.

[57] Reimers J, Bauer A, Thompson K P, et al. Freeform spectrometer enabling increased compactness[J]. Light: Science & Applications, 2017, 6: e17026.

[58] Chrisp M P, Primeau B C, Echter M A. Imaging freeform optical systems designed with NURBS surfaces[J]. Opt. Eng., 2016, 55(7): 071208.

[59] Ettedgui E, Peacocke T, Montgomery D, et al. Opto-mechanical design of SCUBA-2[C]. Proc. of SPIE, 2006, 6273: 62732H.

[60] Gentilman R, McGuire P, Fiore D, et al. Large-area sapphire windows[C]. Proc. of SPIE, 2003, 5078: 54-60.

[61] Wu C, Chen S, Xue S, et al. Interferometric test of optical free-form window [C]. The 9th SPIE International Symposium on Advanced Optical Manufacturing and Testing Technologies (AOMATT 2018), 2018, Chengdu, China.

[62] Computational photography. Wikipedia.

[63] Cossairt O, Gupta M, Nayar S K. When does computational imaging improve performance?[J]. IEEE Transactions on Image Processing, 2013, 22(2): 447-458.

[64] 张欣. 波前编码技术中的图像复原研究 [D]. 长春: 中国科学院长春光学精密机械与物理研究所, 2010.

[65] Dowski E R, Cathey W T. Extended depth of field through wave-front coding [J]. Appl. Opt., 1995, 34(11): 1859-1866.

[66] Arnison M R, Cogswell C J, Sheppard C J R, et al. Wavefront coding fluorescence microscopy using high aperture lenses[C] // Török P, Kao F J. Optical Imaging and Microscopy. Heidelberg: Springer, 2003, 87: 143-165.

[67] Zhao H, Li Y. Optimized logarithmic phase masks used to generate defocus invariant modulation transfer function for wavefront coding system [J]. Opt. Lett., 2010, 35(15): 2630-2632.

[68] Zhao H, Li Y. Optimized sinusoidal phase mask to extend the depth of field of an incoherent imaging system [J]. Opt. Lett., 2010, 35(2): 267-269.

[69] Saavedra G, Escobar I, Martínez-Cuenca R, et al. Reduction of spherical-aberration impact in microscopy by wavefront coding [J]. Opt. Express, 2009, 17(16): 13810-13818.

[70] Muyo G, Singh A, Andersson M, et al. Infrared imaging with a wavefront-coded singlet lens [J]. Opt. Express, 2009, 17(23): 21118-21123.

[71] Chen S, Fan Z, Xu Z, et al. Wavefront coding technique for controlling thermal defocus aberration in an infrared imaging system [J]. Opt. Lett., 2011, 36(16): 3021-3023.

[72] Yan F, Zhang X. Optimization of an off-axis three-mirror anastigmatic system with wavefront coding technology based on MTF invariance [J]. Opt. Express, 2009, 17(19): 16809-16819.

[73] Langeveld W. Possible application of wavefront coding to the LSST [R]. SLAC-TN-05-052, August 16, 2005.

[74] Ding Y, Liu X, Zheng Z, et al. Freeform LED lens for uniform illumination [J]. Opt. Express, 2008, 16(17): 12958-12966.

[75] Wang K, Chen F, Liu Z, et al. Design of compact freeform lens for application specific light-emitting diode packaging [J]. Opt. Express, 2010, 18(2): 413-425.

[76] SaSin José. Introduction to the Aberrations of Optical Systems[M]. Cambridge: Cambridge University Press, 2012.

[77] Smith W J. Chapter 3 Aberrations // Modern Optical Engineering—The Design of Optical Systems [M]. 3rd ed. New York: McGraw-Hill, 2000.

[78] 李晓彤. 几何光学和光学设计 [M]. 杭州：浙江大学出版社，1997.

[79] Mahajan V N. Chapter 1 Optical Aberrations // Aberration Theory Made Simple [M]. 2nd ed. Bellingham: SPIE Press, 2011.

[80] Mahajan V N. Chapter 13 Zernike Polynomials and Wavefront Fitting // Daniel Malacara, Optical Shop Testing [M]. 3rd ed. Hoboken: John Wiley & Sons, Inc, 2007.

[81] Hariharan P. Optical interferometry[R]. Rep. Prog. Phys., 1990, 54: 339-390.

[82] 何勇. 数字波面干涉技术及其应用研究 [D]. 南京：南京理工大学, 2002.

[83] John Hayes. Dynamic interferometry handles vibration[R]. Laser Focus World, March, 2002.

[84] Millerd J E, Wyant J C. Simultaneous phase-shifting Fizeau interferometer[P]. US, Patent20050046864. 2005.

[85] 潘君骅. 光学非球面的设计、加工与检验 [M]. 苏州：苏州大学出版社, 2004.

第 2 章 CGH 补偿器设计

2.1 CGH 补偿的基本原理

2.1.1 全息术

全息术 (Holography) 是英籍匈牙利人 Gabor 在 1948 年发明的，受 Wolfke 和 Bragg 关于 X 射线显微镜工作的启发，Gabor 在研究如何提高电子显微镜的分辨本领时提出全息术的原理，并因此获得 1971 年诺贝尔物理学奖 [1-3]。

常规的照相方法仅仅记录光波的光强变化，因此相片只包含光波的振幅信息，由于光波本身非相干性和时间平均效应，相位信息被丢失了。为了同时记录振幅和相位信息，全息术利用光的干涉和衍射原理，将物体发出的特定波前以干涉条纹的形式记录下来，并在一定条件下使其再现记录时的波前。Gabor 称之为全息，其前缀 "holo" 在希腊语中有 "全部" 的意思，全息图 (Hologram) 的意思就是完整的记录。如图 2.1 所示，全息术是一个无透镜两步成像过程。第一步是用光波干涉进行物光的全息记录，从相干光源发出的光波一部分被反射镜反射 (参考光)，另一部分被物体反射 (物光)，两者在全息图所处位置相遇发生干涉，在记录介质材料上记录下来的干涉图反映了物光的振幅和相位信息；第二步是用光波衍射进行物光再现，用同样的参考光照射全息图，将重建物光，因此观察者从全息图一侧能够观察到再现的物体虚像。

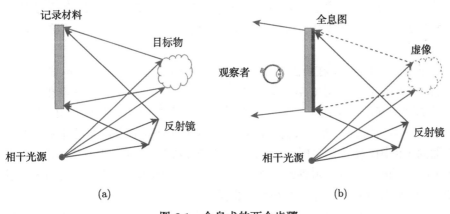

图 2.1 全息术的两个步骤

(a) 全息记录; (b) 物光再现

图 2.1 所示方法记录的全息图是传统光学全息图，需要利用真实的物光进行干涉记录，因此有其局限性。如果物体并非真实存在 (例如，光学干涉测量中待测的理想面形)，用该方法就不能制作全息图。此外，这种干涉方法记录的全息图易受环境振动及气流等条件影响，对记录介质的非线性效应和底片颗粒噪声也很敏感 [3]。CGH 作为一种不需要真实物体的数字全息技术，应用越来越广泛。CGH 利用计算机综合出给定物光与参考光的干涉图样，再输入绘图仪或经过曝光—显影—刻蚀等微纳加工工艺制作出全息图。

全息图可分为同轴全息和离轴全息、平面全息和体全息、透射全息和反射全息、振幅型全息和相位型全息等不同类别，在数据存储、立体显示、光学防伪和干涉计量等众多领域都有广泛应用，应用波段也从光学延伸到超声、微波或红外谱段，详细内容可参考文献 [1–3]。本书重点讨论全息术在复杂面形干涉测量中的应用，由于理想的面形并非真实存在的，但都有名义方程或模型描述，适合在计算机中生成，因此本书涉及的都是计算全息。

2.1.2 波面干涉测量中的计算全息

1965 年在 IBM 工作的 Lohmann 教授使用计算机和绘图仪制作了第一个 CGH[3]。计算全息的具体过程包括光信息的采集、处理、编码存储和再现 [1]。物光信息的采集是在计算机中输入物光信息的函数形式或数字化模型，一般是复振幅透过率/反射率函数。物光信息的处理是用计算机完成物光传播到全息图记录位置的光场变换，得到全息图处的光场复振幅函数。信息的编码常用干涉型 CGH 和迂回相位 (Detour Phase)CGH 编码方法，波面干涉测量中的 CGH 通常采用前一种。到达全息图的物光包含振幅和相位信息，干涉型 CGH 是通过参考光和物光的干涉来 "锁定" 相位信息。因为干涉图样反映了物光和参考光的相位差 (光程差)，只需要用计算机计算出全息图上干涉图样的分布函数 (相位函数) 即可。编码信息通过图形发生器、绘图仪或微电子制作工艺制作出全息图进行存储，在参考光照射下即可再现物光。

20 世纪 70 年代初，在美国 Itek 公司工作的 MacGovern 和 Wyant 首次报道在非球面的干涉测量中应用 CGH，如图 2.2 所示，在 Twyman-Green 干涉仪中，CGH 置于被测面出瞳的像平面上，参考光和测试光均通过 CGH，因而 CGH 本身的厚度差或折射率均匀性不会引入测量误差 [4–8]。CGH 图样记录的是理想被测面形与参考面的干涉图。实际测量时，携带面形误差的测试光与参考光发生干涉，图样叠加到 CGH 平面上形成莫尔条纹。当被测面存在面形误差时，莫尔条纹间隔将发生畸变，因此分析莫尔条纹即可获得被测面形误差。

也可以将 CGH 移到干涉仪参考臂中，如图 2.3 所示。CGH 的共轭像与被测面的像重合，CGH 产生一个与理想面形产生的测试波前完全匹配的参考波前，当然此时必须考虑在测试臂中的干涉仪镜头引入的波前误差。

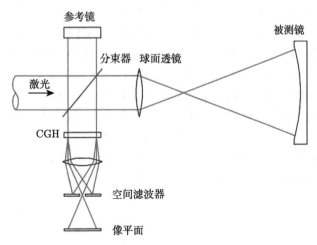

图 2.2   Twyman-Green 干涉仪中使用 CGH 测量非球面

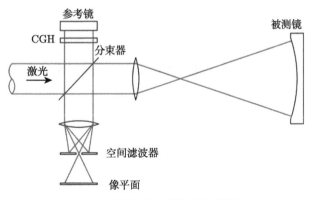

图 2.3   CGH 置于干涉仪参考臂中

测量实践中更常用的是将 CGH 放在测试臂中,如图 2.4 所示,此时不需要对干涉仪内部光路进行更改,因而可操作性好。这里 CGH 的作用与传统的补偿器完全一样,将测试波前从平面或球面波变换为与理想被测面形匹配的非球面波前。这种构型还可以用于 Fizeau 干涉仪,并且除参考面外的干涉仪镜头误差不影响测量结果。不过,在测试臂中的 CGH 本身厚度差或折射率均匀性都会引入测量误差。

测量大口径凸面时,因为需要大口径的照明透镜组将光束会聚并法向入射到被测面,通常用 Fizeau 干涉仪,利用其参考光与测试光共光路的特点,使得照明透镜的误差不影响测量结果,只有最后一个参考面要求高精度,相当于球面样板。如图 2.5[9] 所示,与干涉仪的标准球面镜头类似,光束被分为两部分法向入射到参考面 (样板) 上,一部分被参考面反射形成参考光;另一部分透射后法向入射到被测非球面，再被反射沿原路返回。但是测量大口径凸非球面时，就需要与之匹配的凹非球面样板。为此，1995 年美国亚利桑那大学的 Burge[9] 提出直接将 CGH 制作在凹球面样板上，仍然保留了共光路优点，且避免了 CGH 厚度差或折射率均匀性的影响，当然随之而来的问题是在大口径曲面基板上制作 CGH 的工艺。Burge 研究小组研制了 1.8m 直径的激光直写机，可在凹球面上制作回转对称图形，特征尺寸从 6μm 到 150μm，径向位置精度优于 1μm RMS[10]。制作小尺寸 CGH 常用的近紫外光曝光光刻胶的工艺用于大型曲面基板有难度，因此改用热化学直写技术，不用光刻胶，利用热化学效应通过激光束直接将图形写到铬膜上。激光束曝光加热铬膜生成表面氧化层 (对应图形)，然后将其浸入 NaOH 或 $K_3Fe(CN)_6$ 槽中，对裸露的铬膜的溶解速度比氧化铬要快得多，因此显影后保留了图形。

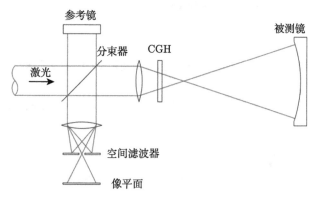

图 2.4　CGH 置于干涉仪测试臂中

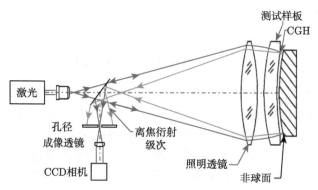

图 2.5　曲面基板上的 CGH 用于测量大口径凸非球面

因为不需要真实存在的物光，而是由计算机生成衍射图样后制作出 CGH，理论上可以通过 CGH 的衍射作用生成任意曲面波前，因而 CGH 在干涉测量中的应用也可以灵活多变。亚利桑那大学的 Burge 研究小组与俄罗斯科学院自动化与电

学测量研究所 [11] 合作,用 CGH 来模拟理想的被测面形,对传统透镜式补偿器进行校准,如图 2.6 所示,因为大口径非球面的补偿器比较复杂,通常由多个透镜组合而成,本身的制造、装调等误差会影响测量结果。尽管理想的被测面形并非真实存在的,但可以根据理想面形设计和制作一个 CGH,来模拟与理想面形匹配的波前,计算该波前自由传播到 CGH 处的波前即可得到 CGH 相位函数。这种方法可以校准复杂补偿器,而且光路很短,避免了测量实际被测镜面的大口径、长光路带来的问题。

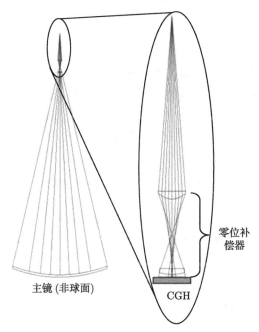

零位补偿器

主镜 (非球面)

CGH

图 2.6　CGH 用于传统补偿器校准

2.1.3　CGH 补偿器

CGH 作为补偿器,其原理可用衍射光栅来解释。光栅是具有周期性的空间结构或光学性能 (透射率、折射率) 的衍射屏,是由一系列衍射单元重复排列而成的,因而其衍射场具有 "多光束干涉" 的基本特征,相干叠加的光场具有很强的方向性和很好的单色性。衍射效应的强弱取决于衍射单元线度与光波长之比 r。当 $r > 1000$ 时,衍射效应很弱,光近乎直线传播,此时主要是边缘的衍射效应;当 $1000 > r > 1$ 时,衍射效应显著;当 $r \leqslant 1$ 时,衍射效应过于强烈,衍射向散射过渡 [12]。

根据多缝夫琅禾费衍射可计算光栅的衍射光场。如图 2.7 所示 [13],入射波前经过光栅衍射后,每个周期结构将在波前相位上叠加 $m2\pi$,其中 m 为衍射级次;相应地波前斜率将增加 $m\lambda/s$,其中 λ 为波长,s 为光栅周期。

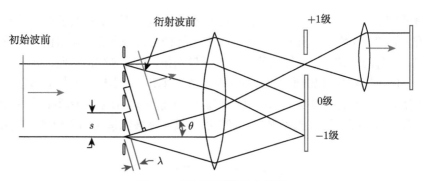

图 2.7   衍射光栅的相位调制

CGH 补偿器也是通过在基板上制作衍射图样，利用衍射作用对入射光场进行调制，使得测试波前传播到被测面形处与之理想匹配，如图 2.8 所示。CGH 可看作是变周期的曲线光栅，衍射图样由相位函数决定。相位函数要叠加到入射波前相位上，使之传播到被测面形处与之匹配，它通常是不规则的曲面形状。而 CGH 衍射图样则由该曲面函数的等高线决定，类似图 2.9[13] 所示地形图中的等高线图样。

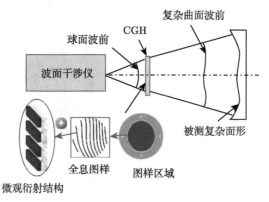

图 2.8   CGH 补偿器测量复杂面形

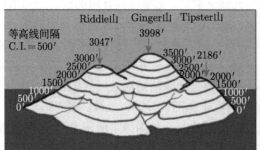

图 2.9   地形图中的等高线

因此，CGH 实际上是所求相位函数曲面按给定占空比绘制的等高线图，如图 2.10 所示[13]，相位函数上每 $m2\pi$ 相位对应一个刻线周期，在满足 $i + D/2 > W(x,y)/m > i - D/2$ 的位置制作衍射结构。i 为相位刻线周期数 (纵坐标刻度)，W 为相位函数值 (图中纵坐标)，D 为占空比。

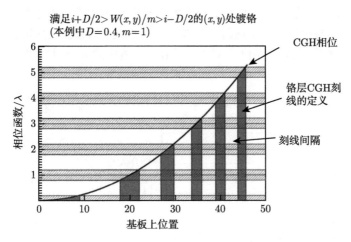

图 2.10　由相位函数生成 CGH 图样

CGH 分为振幅型和相位型，如图 2.11 所示。振幅型通常是在玻璃基板上镀铬 (0.1μm 厚)，对入射光场同时有光强和相位的调制；相位型则是在玻璃基板上刻蚀图形，只改变入射光场的相位 (光程差)，在整个 CGH 上具有相同的透过率或反射率，可以忽略振幅调制。要产生 $\lambda/2$ 的相移 (相位深度 π)，对应刻蚀深度 $d = \lambda/2(n-1)$ 约为 0.6μm。当然，振幅型 CGH 也可用金刚石刀具在玻璃基板上刻槽制作，刻槽部分因漫反射而不透光，未刻槽部分透光相当于狭缝。如果是反射式的，则用金刚石刀具在金属基板上刻槽制作，刻槽部分漫反射，未刻槽部分镜面反射相当于狭缝。

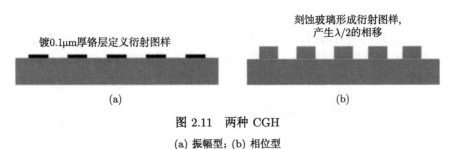

图 2.11　两种 CGH

(a) 振幅型；(b) 相位型

不同形式 CGH 的不同级次衍射效率并不相同。当占空比为 0.5 时，振幅型 CGH 的衍射效率为 $\eta = 0.25\text{sinc}^2(m/2) = 1/(\pi^2 m^2)$，相位型 CGH 的衍射效率为

$\eta = \mathrm{sinc}^2(m/2) = 4/(\pi^2 m^2)$ (级次 m 为奇数) 或 0(级次 m 为偶数)。如图 2.12 所示 [13]，振幅型 CGH 的 ± 1 级衍射效率约为 10%，0 级为 25%；相位型 CGH 的 ± 1 级衍射效率 40%，0 级为 0。当 CGH 用于干涉仪测试臂中，测试光两次透过 CGH，如果被测面反射率较低，例如，未镀膜的玻璃表面反射率只有 4%，就不能用振幅型 CGH，因为衍射效率太低导致测试光强与参考光强不匹配，从而干涉图的对比度很差。振幅型 CGH 通常用于高反射率镜面 (如镀膜反射镜或单点金刚石车削加工的金属反射镜)，相位型 CGH 可用于未镀膜的低反射率镜面。

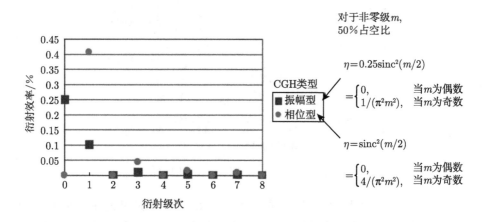

图 2.12　振幅型和相位型 CGH 的衍射效率

相位型 CGH 可以实现比振幅型 CGH 更高的衍射效率。图 2.12 给出的是二元 (2 台阶)CGH 的衍射效率，2 台阶也是应用最多的，制作工艺简单。如果衍射效率不够高，可以采用更多台阶，例如，4 台阶 CGH 可以提高衍射效率至 81%，8 台阶衍射效率约 94.9%，16 台阶衍射效率约 98.7%。多个台阶通常采用 2 台阶多次套刻的工艺来制作，套刻误差会引入衍射波前误差。理论上，如果深度变化在每个 2π 相位间隔内是连续的而非离散台阶，即浮雕型 CGH，能达到 100% 衍射效率，但是实际工艺只能做到离散台阶，因而衍射效率有所下降 [14,15]。图 2.13 是不同台阶数 CGH 的 1 级衍射效率 [15]。多台阶 CGH 的衍射效率计算公式为 [16]

$$\eta = \left[\frac{\sin(\pi m/N)}{\pi m/N} \right]^2 \left\{ \frac{\sin[\pi(m-1)]}{N\sin[\pi(m-1)/N]} \right\}^2 = \begin{cases} \mathrm{sinc}^2\left(\dfrac{m}{N}\right), & m-1 = kN \\ 0, & \text{其他} \end{cases}$$

(2-1)

其中，N 为台阶数；m 为衍射级次，仅当 $m-1 = kN$ 即 $m-1$ 是 N 的整数倍时衍射效率才非零。表 2.1 给出了 4 台阶 CGH 的各级衍射效率。

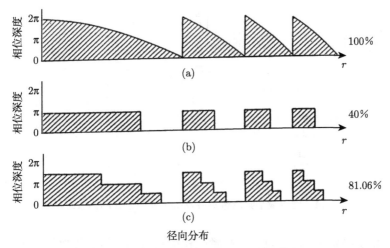

图 2.13 不同台阶数 CGH 的 1 级衍射效率

(a) 连续浮雕型；(b) 2 台阶；(c) 4 台阶

表 2.1 4 台阶 CGH 的各级衍射效率

m	−7	−6	−5	−4	−3	−2	−1	0	1	2	3	4	5	6	7
$\eta/\%$	1.65	0	0	0	9.01	0	0	0	81.06	0	0	0	3.24	0	0

2.2 CGH 相位函数设计

2.2.1 主全息

干涉测量中一般不考虑 CGH 引起的振幅 (光强) 变化，CGH 相当于一个薄的相位屏，对入射光场产生一个纯相位调制。如前所述，CGH 在入射光场上叠加一个相位函数，CGH 衍射图样就是相位函数以 2π 周期按给定占空比截取的等高线。因此，CGH 补偿器设计的关键是用来进行面形测量的相位函数的设计，这部分也称为主全息，以区别于 CGH 上用作辅助对准等其他功能的全息区域。

主全息的相位函数取决于被测面的像差和 CGH 所处位置。通常第一步是建立光线单次传播 (Single Pass) 的模型，如图 2.14 所示，使用自定义表面类型或零折射率材料对被测面进行建模，使得任意光线经过该被测面反射后均强制沿其法向传播。找到 RMS 弥散斑直径最小的位置作为像平面，对应弥散斑尺寸为 w。利用光学设计软件如 Zemax 的 Through Focus 功能，给出指定离焦位置的弥散斑尺寸，根据 CGH 尺寸 D(通常主全息区域尺寸为 100mm 左右) 初步确定其轴向位置到像面的距离，记作 l。

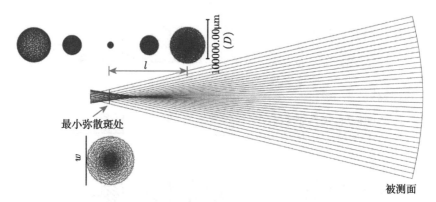

图 2.14　确定最小弥散斑宽度及给定离焦位置的弥散斑尺寸

第二步是确定 CGH 的载频，载频的作用是将不同衍射级次的弥散斑分离开，以避免成像在干涉仪 CCD 上产生鬼像条纹干扰。载频可以是离焦 (Power) 或倾斜 (Tilt) 或两者的组合。如图 2.15 所示 [13]，通过在 CGH 相位函数中添加一个离焦载频，m 级衍射对光场的相位调制引入的光程差是 1 级的 m 倍，因而各级衍射对应的像点位置存在不同程度的轴向偏离，使得各级衍射的弥散斑沿轴向分离开来，再在焦平面上用针孔滤波只允许所需级次的衍射光束通过，其他干扰级次被遮挡 (除光轴附近极少量光线外)，避免鬼像干扰。

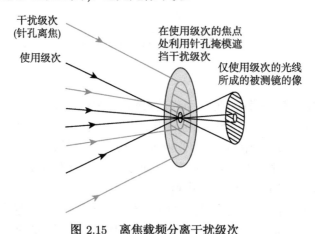

图 2.15　离焦载频分离干扰级次

倾斜载频与之类似，通过在 CGH 相位函数中添加一个适当的倾斜，可使得各级衍射的弥散斑沿横向分离开来。如图 2.16 所示 [13]，CGH 上的载频对应 1 级衍射角为

$$\theta = \mathrm{d}x/l \tag{2-2}$$

m 级衍射对光场的相位调制引入的光程差是 1 级的 m 倍，衍射角也是 m 倍，对应像面上的弥散斑横向位置偏离量 $\mathrm{d}x$ 也是 m 倍。因而各级衍射对应的像点位置存在不同程度的横向偏离，使得各级衍射的弥散斑沿横向分离开来，再在焦平面上用针孔滤波只允许所需级次的衍射光束通过，其他干扰级次被遮挡，避免鬼像干扰。

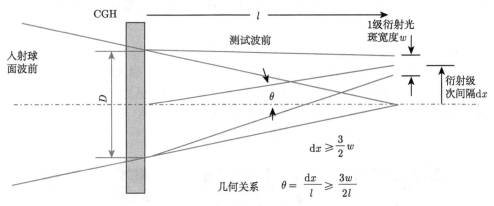

图 2.16 倾斜载频分离干扰级次

在第一步 (图 2.14) 已经确定了由被测镜非球面度对应的弥散斑尺寸 w 及 CGH 距离像面位置 l，现在希望通过 CGH 相位函数设计，使得相位调制后的弥散斑尺寸接近零。假设所用级次为 -1 级，那么 0 级和 -2 级衍射对应弥散斑尺寸为 w，$+1$ 级和 -3 级衍射对应弥散斑尺寸为 $2w$，如图 2.17 所示 [13]。因此，为了能有效分离 0 级和 -1 级衍射，需要使得 $\mathrm{d}x \geqslant w/2$，而要分离 0 级和 -1 级衍射，要求

$$\mathrm{d}x \geqslant 3w/2 \tag{2-3}$$

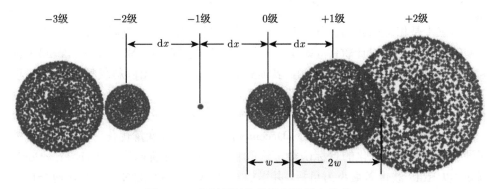

图 2.17 各级衍射的弥散斑沿横向分离

根据光栅方程，1 级衍射角 $\theta=\lambda/s$，s 为光栅常数 (周期)，如果 CGH 主全息区域尺寸为 D，那么对应光栅常数 s 的倾斜总条纹数 $N = D/s$，因此有

$$N = D\theta/\lambda \tag{2-4}$$

联立式 (2-2)~ 式 (2-4) 得到能有效分离干扰级次弥散斑的倾斜载频条纹数为

$$N \geqslant 3wD/(2\lambda l) \tag{2-5}$$

　　倾斜载频的方向根据弥散斑形状选择，如图 2.18 所示，弥散斑为扁平状 (X 方向尺寸大于 Y 方向尺寸)，因而各级衍射弥散斑沿 Y 方向更易分离，选择 Y 方向倾斜 (对应表 1.2 中 Zernike 多项式的 Z_2 项) 更恰当，比 X 方向 (Z_1 项) 载频的条纹数更少，光栅周期更大，可降低加工难度 [13]。

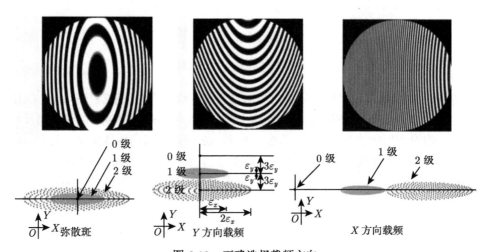

图 2.18　正确选择载频方向

　　第三步是相位函数的优化设计。在指定位置插入 CGH 基板，其中制作衍射结构的表面在光学设计软件 (如 Zemax) 中用相位型表面建模，例如，Zernike 标准相位 (Zernike Standard Phase)，多项式的 Z_1 或 Z_2 项由倾斜载频给定，Z_3 项 (离焦) 到后面各项系数均可设为优化变量。注意由于倾斜载频会引入像点横向位置偏心 (对于采用准直测试光束则是产生角度倾斜)，因此在像面之前可加入一个 Coordinate Break，将相应的偏心 (Decenter) 或倾斜设为变量优化，使得像点仍然回到坐标系原点。优化的目标函数可选取软件缺省的评价函数 (Merit Function)，例如，以 RMS 波像差最小为目标，并增加 CEN $X = 0$ 和 CEN $Y = 0$ 这两个自定义的优化目标。图 2.19 所示为某高次非球面 (有中心遮拦) 的 CGH 主全息设计结果，施加 Y 方向载频 $Z_2 = 1000$，引入像点沿 Y 方向的偏离量为 4.249854mm，优

化后的剩余波像差为 0.0056λ PV 和 0.0006λ RMS。根据相位函数估计 CGH 衍射结构的最小周期 (条纹间隔),若周期太小,超出现有 CGH 制作工艺能力 (通常可加工的最小周期为数微米),则考虑修改 CGH 位置、载频等,并重新计算相位函数。

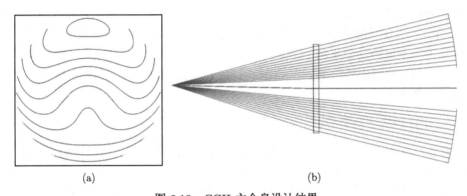

(a)　　　　　　　　　　　　　(b)

图 2.19 CGH 主全息设计结果

(a) 含载频的 CGH 相位;(b) CGH 补偿检验光路 (单次传播)

上述用 Zernike 多项式对 CGH 相位函数建模并进行优化的方法,有可能受软件优化能力限制,对于复杂面形较难收敛,此时可尝试采用直接追迹计算相位函数的方法。直接计算方法将 CGH 相位函数用一系列离散点来表示,在 Zemax 中是网格相位 (Grid Phase) 表面类型,离散点的坐标是通过光线追迹得到的,而不需要进行优化。首先编写一个宏指令 (Macro),可以自动追迹入瞳上均匀采样网格点对应的各条光线传播到 CGH 平面位置的光程 $OPL_1(x, y)$ 以及与 CGH 平面的交点坐标。由于存在畸变,CGH 平面上的交点通常不再是均匀网格。然后计算从这些交点出发都会聚到像点位置 (采用球面测试波前) 的光程 $OPL_2(x, y)$,那么 CGH 的相位函数 $W(x, y)$ 可由下式计算得到

$$W(x, y) = -[OPL_1(x, y) + OPL_2(x, y)] \tag{2-6}$$

其中的常数项 (Piston) 可以消去。

计算得到 CGH 相位函数 $W(x, y)$ 之后,按规定的数据格式将其写入后缀为 DAT 的文件中,然后通过 Extra Data Editor 的 Import 功能将文件载入 CGH 的网格相位表面中即可。Zemax 软件中的 DAT 数据格式规定如下:第一行共七个数,分别是 X 方向和 Y 方向的离散点数、X 方向和 Y 方向的采样间隔、数据单位 (例如取值 0 对应单位为 mm)、离散点集相对基面坐标系的 X 方向和 Y 方向的偏心;从第二行起为离散点数据,依次是相位函数高度值 (Z 坐标)、一阶导数 dz/dx 和 dz/dy、二阶导数 $d^2z/(dxdy)$,紧接着是一个说明该数据点是否为有效数据的标志

数字 (0 或空格表示有效, 1 表示无效)。当数据点之间采用双三次插值时, 必须提供导数值。线性插值则不会使用导数值。如果每个点的导数值都指定为零, 则系统默认使用有限差分法来估计导数值, 详细说明可参考软件手册 [17]。

第四步, 将 CGH 设计模型变为光线往返传播 (Double Pass) 的光路, 模拟实际干涉测量光路, 像点位置即干涉仪球面镜头参考面的球心 (测试球面波的球心)。注意: 由于 CGH 倾斜载频引入了像点位置偏离, 因此应将视场设为轴外物点, 物高就是第三步得到的偏离量 (4.249854mm)。此时的波像差应是光线单次传播的波像差的 2 倍。利用软件的 Footprint Diagram 检查被测面上实际的测量区域是否满足测量口径要求。

2.2.2　干扰级次的衍射分析

对于二元台阶型 CGH, 除了所使用的 +1 级衍射外, 其他衍射级次 (如 −1 级、0 级和 +3 级) 也具有一定的衍射效率, 相互组合在一起可能在干涉仪 CCD 上形成鬼像条纹, 叠加到 +1 级衍射的条纹上形成干扰。如果是多台阶甚至连续浮雕型 CGH, 因为 +1 级衍射效率增大而干扰级次的衍射效率降低, 有利于避免鬼像干扰, 但这种类型的 CGH 制作工艺难度更大。

Lindlein 于 2001 年 [18]、Garbusi 和 Osten 于 2010 年 [19] 分别尝试对干扰级次的衍射进行理论分析, 并推导出解析表达式。在具体设计实例中, 尽管已经根据弥散斑尺寸估计了有效分开干扰级次所需的载频大小, 但还是建议在光学设计软件中进行追迹仿真, 核验其他衍射级次是否造成鬼像条纹干扰。利用 Multi-Configuration 可设置不同衍射级次的组合 (光线往返), 在适当直径的像平面针孔滤波下, 查看光线是否被有效遮拦而不能到达像平面。针孔直径所对应的空间频率通常应大于干涉仪 CCD 像素间隔所确定的奈奎斯特采样频率, 即尽量避免因隔离干扰级次而设置的针孔滤波降低测量系统的空间分辨率。

图 2.20 是图 2.19 中 CGH 设计结果对应的 (+3, −1) 级组合的鬼像干扰分析结果, 对应针孔直径 1.2mm, 可见被测镜上仍然存在局部区域反射的光线被 CGH

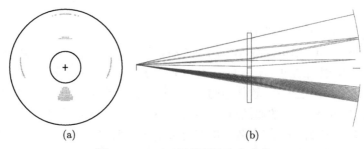

(a)　　　　　　　　　　　　　　　(b)

图 2.20　CGH 干扰级次产生鬼像

(a) 被测镜上产生鬼像干扰的区域; (b) 产生鬼像干扰的光线

干扰级次衍射后，在干涉仪像面上形成鬼像。因此，在确保 CGH 衍射图样的刻线周期不超出工艺能力的前提下，可考虑修改载频并重新按照上面四个步骤进行优化设计。

2.2.3　辅助对准与标记全息

CGH 只有处于其相位函数设计的位置上，才能通过衍射准确产生所需的测试波前。如图 2.19 设计结果，CGH 相对干涉仪发出的球面波的球心 (点光源) 应处于偏心 (4.249854mm) 位置，否则就可能引入失调像差。同理，被测面相对干涉仪和 CGH 也应处于设计位置上。传统透镜式补偿器通常需要借助内调焦望远镜等工具来找正补偿器与被测镜的位置，装调复杂且有时候受各种约束而可操作性差。CGH 则可以利用与主全息相同的制作工艺，同步加工出多种辅助功能的全息图样。如图 2.21 所示，CGH 通常包含用于被测面像差补偿的测试主全息、用于对准 CGH 与干涉仪的辅助对准全息和用于找正被测镜位置与姿态的标记全息。由于不同功能全息图样是同种工艺同步制作的，CGH 上不同图样区域之间的位置误差与其刻线误差相当 (约 0.1μm)，因而各功能全息图样产生的衍射波前的对准误差通常可以忽略。

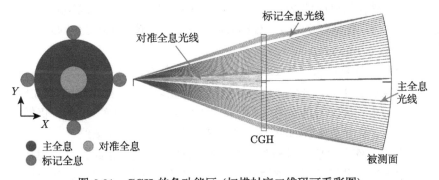

图 2.21　CGH 的各功能区 (扫描封底二维码可看彩图)

对准全息图样通常设计在 CGH 上主全息区域以外的环带区域，不过对于图 2.21 所示被测面有中心遮拦孔的情形，也可以设计在中心区域。对准全息的相位函数设计时注意保持干涉仪点光源与 CGH 的位置关系与主全息设计时的位置关系严格一致。图 2.21 中点光源位于 CGH 中心轴线的偏轴位置 (偏心 4.249854mm)，相应地对准全息图样也是相对 CGH 中心有偏心的一系列圆环。为便于优化计算，可按点光源为轴上点 (而不是主全息设计时的轴外点) 来设计，此时对准全息图样为同心圆环，其相位函数可用回转对称多项式，例如，Zemax 软件中的 Binary 2 表面类型 (只含偶次幂项) 来建模，将优化变量即偶次幂系数减少为几个。图 2.22 是优化后得到的对准全息图样和对准全息设计光路。不过，要切记在后续生成加工数据时，对准全息图样应相对 CGH 中心 (或主全息图样) 加入一个偏移量。

(a)   (b)

图 2.22   对准全息的设计

(a) 对准全息图样；(b) 对准全息设计光路

对于采用准直光束作为测试光的情形 (用平面干涉仪及标准平面镜头)，CGH 施加倾斜载频后相对干涉仪有一个确定的偏转角度以避免鬼像干扰。此时的对准全息就是简单的光栅图样，光栅的刻线周期 p 直接从主全息中载频的系数计算得到

$$p = \rho/(2c) \tag{2-7}$$

式中，ρ 为倾斜载频对应的 Zernike 多项式的归一化半径；c 为载频对应的多项式系数。例如，归一化半径 65mm，载频对应 Zernike 多项式系数为 2000，则对准全息的光栅周期为 16.25μm。

对准全息是反射式振幅型 CGH，1 级衍射效率约 10%。与主全息进行面形测量要经过两次透射不同，对准全息只经过一次反射。因此，如果刻线周期太小，甚至超出加工能力，可以考虑采用 +3 级衍射，此时的衍射效率约 1%，仍然可以与干涉仪参考光 (参考面反射率约 4%) 形成对比度良好的干涉条纹。

标记全息的作用是将干涉仪发出的平面或球面测试光束经过其衍射后，投射到被测镜附近产生若干倾斜可辨的光标，如十字叉丝或聚焦光点。这些光标与被测镜的相互位置关系是确定的，因此可用来快速对准被测镜。标记全息的设计也要保持干涉仪点光源、CGH 及被测镜坐标系的位置关系与主全息设计时的位置关系严格一致，因为标记全息投射出的标记点通常是在被测镜坐标系下描述的。标记全息可用 Zernike 标准相位表面类型建模，将多项式系数设为优化变量，优化目标是 RMS 光斑尺寸 (Spot Radius) 最小，并且增加 CEN X 和 CEN Y 两个自定义的优化目标。CEN X 和 CEN Y 的目标值就是标记点在被测镜坐标系下的坐标。如图 2.23 所示，标记全息在被测镜 +Y 方向边缘点 $(0, 85)$ 投射一个光标，相应的全息图样为 +Y 方向最稀疏，而 −Y 方向最密集。因此为降低加工难度，将此处标记全息设计在 CGH 主全息区域以外环带上的 +Y 方向小圆区域 (图 2.21)。同理，分别在 −Y 方向、+X 方向和 −X 方向的三个小圆区域则产生被测镜 −Y 方向、+X

方向和 $-X$ 方向边缘点 $(0,-85)$、$(85,0)$ 和 $(-85,0)$ 的光标。

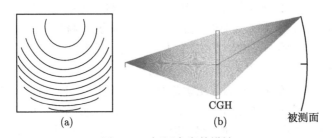

图 2.23 标记全息的设计

(a) 标记全息图样; (b) 标记全息投射光标

2.3 CGH 补偿的投影畸变校正

2.3.1 补偿检验中的投影畸变

光学面形测量的一个重要功能是为确定性修形提供准确的面形误差分布, 作为反馈信息指导误差的修正加工, 使得面形误差逐步减小。因此面形测量结果不仅仅是高度方向的误差数据, 还必须提供与高度数据准确对应的横坐标, 确保后续修形过程的定位准确, 即在镜面上准确的位置进行准确的材料去除。通常可认为波面干涉仪的 CCD 像平面到出瞳的横坐标具有严格的线性比例关系, 即忽略干涉仪内部光学系统引起的畸变[20]。因此用干涉仪测量平面或球面时, 可用镜面上简单的已知尺寸的标记物来标定, 找到标记物在干涉仪 CCD 像平面上的像的大小 (像素数), 其与标记物实际尺寸的比例就是像平面的像素坐标与被测镜面横坐标之间的比例关系。测量球面时, 由于标准球面镜头都是近似满足等晕条件的, 被测球面镜的横坐标 (弦长而非弧长) 同样与 CCD 像素坐标满足线性比例关系, 因此在标定时应该使用标记物在被测球面上对应的弦长。

在测量非球面或自由曲面时, 使用补偿器或 CGH 将标准平面波或球面波变换为非球面或自由曲面波前, 被测面的像差使得补偿测量系统具有明显的投影畸变, 即被测镜面上横坐标与干涉仪 CCD 像素坐标不再是简单的线性比例关系。投影畸变校正就是要准确标定出这种坐标对应关系, 将干涉仪测得的高度方向的面形误差数据准确对应到镜面上, 进而指导后续误差修形过程。

投影畸变的存在正是由于被测镜面存在像差。如果将被测镜面看作一个简单的反射式成像系统, 像差使得在 CGH 所处位置的平面上, 像点位置存在畸变。对于回转对称非球面, 因为球差的作用将引起第 1 章所述的枕形或桶形畸变, 被测镜面上横坐标与干涉仪 CCD 像素坐标除了线性比例关系, 还有明显的三次项。如

图 2.24(a) 所示为某回转对称非球面测量时的像平面像素坐标 (归一化) 的均匀网格，图 2.24(b) 是对应的被测镜面上的横坐标，显然已经不再是均匀网格，该测量系统存在枕形畸变。这种畸变与普通的同轴光学系统的畸变类似，具有回转对称性，镜面上相同物高的圆环对应的 CCD 像素坐标也在同一个圆环上，只是不同物高的像点到像素中心的距离不再与物高呈线性比例，因此回转对称非球面的补偿检验，只需要选取一条过中心的线轮廓进行标定。使用 CGH 测量离轴非球面或自由曲面时，轴外像差 (如像散) 将引起非回转对称的投影畸变，此时必须对整个测量口径进行标定。如图 2.25(a) 所示为某离轴抛物面测量时被测镜面上的横坐标均匀网格，图 2.25(b) 是对应的干涉仪 CCD 像平面上的像素坐标，不再是均匀网格，且外形发生了严重畸变[21]。因为被测镜存在较大像散，在不同离焦位置的弥散斑形状是具有不同长短轴的近似椭圆形。

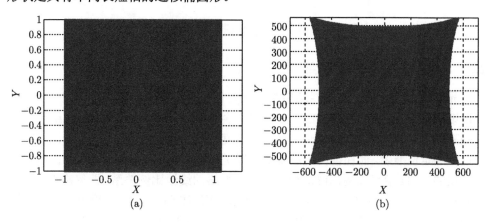

(a)   (b)

图 2.24　回转对称非球面的投影畸变

(a) 像平面上的均匀网格；(b) 对应的被测镜面上的非均匀网格

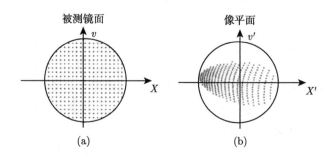

(a)   (b)

图 2.25　非回转对称的投影畸变

(a) 被测镜面上均匀网格；(b) 对应像平面上非均匀网格

2.3.2　投影畸变校正方法

投影畸变校正通常有两种方法，一种是采用系列标记物。如图 2.26(a) 所示为 4.3m 非球面主镜上粘贴 8 个环形标记物，图 2.26(b) 所示为整个口径上按 10in 等间距分布的直径 1in 的小孔阵列作为标记物 [22]，根据其在镜面上的实际位置 (横坐标) 与其在 CCD 像平面上的像素坐标，可以建立被测镜面横坐标与 CCD 像素坐标的数学关系。这种方法的优点是将干涉仪内部成像系统的畸变也可以包含在内一起考虑，缺点是系列标记物的制作及其在镜面上准确定位较复杂，特别是用于畸变严重的场合存在困难。

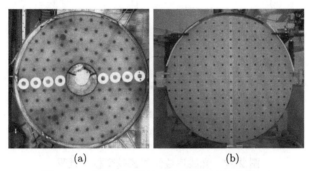

图 2.26　采用系列标记物进行投影畸变校正

(a) 线轮廓上的 8 个标记物；(b) 整个口径上的小孔阵列标记物

另一种是光线追迹方法。可编写一个宏指令，在光学设计软件中自动追迹入瞳上均匀采样网格点对应的各条光线传播到系统中任意面的交点横坐标。如图 2.27(a) 所示，不考虑干涉仪内部光学系统的畸变，从干涉仪 CCD 像平面到 CGH 刻蚀面可认为是满足线性比例关系，只需追迹入瞳均匀网格光线到被测镜面上的交点横坐标即可。图 2.27(b) 和 (c) 分别是追迹的像平面 (与入瞳为线性比例关系) 上均匀采样网格 (归一化) 及其对应在被测镜面上的交点，显然两者之间的横坐标不满足简单的线性比例关系。干涉仪测量得到的面形误差数据如图 2.27(d) 所示，其像素坐标网格与光线追迹所用入瞳上的归一化网格之间是线性比例关系，比例因子待标定。可利用实际被测镜面上的标记物 (如几何孔径边缘或图 2.27 所示灰色标记点)，找到其在干涉仪 CCD 像平面上的像素坐标，并根据光线追迹结果反过来找到其在归一化网格中的坐标，从而在归一化网格与干涉测量数据之间建立了联系；确定其比例因子后，根据追迹结果可以得到被测镜上网格对应干涉测量数据的横坐标，而不再需要系列标记物进行标定。

由于追迹结果和测量数据都是网格化的离散数据点集，虽然均匀网格存在畸变后不再是均匀网格，但可以直接利用线性插值等方法得到某个坐标平面上的网格点对应另一个坐标平面上的坐标。如果要准确描述畸变的数学关系，则可用多项式拟合方法建立畸变的数学模型。亚利桑那大学的赵春雨和 Burge 基于 Zernike 多项式的梯度，推导得到了单位圆上的正交向量多项式，用来描述干涉仪 CCD 像平面到被测镜面横坐标的投影畸变的数学关系 [22,23]。正交向量多项式描述的是一个梯度向量场，可表示为 Zernike 多项式梯度的线性组合，图 2.28 是单位圆上的前 12 项正交向量多项式 [22]。多项式系数通过上述标记物或追迹方法确定的系列对应点进行拟合得到。

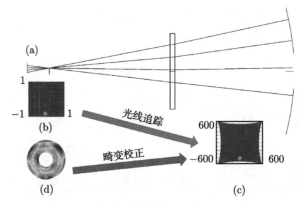

图 2.27　光线追迹法投影畸变校正过程

(a) 光线追踪示意图；(b) 归一化网格；(c) 被测镜上网格；(d) 干涉测量数据

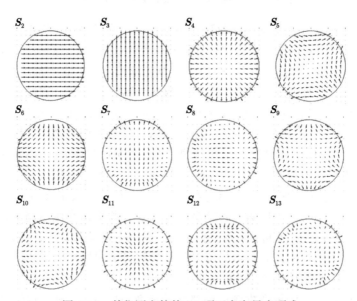

图 2.28　单位圆上的前 12 项正交向量多项式

2.4 CGH 制造工艺

2.4.1 CGH 制造工艺概述

早期的 CGH 使用计算机绘图仪输出衍射图样,再用精密照相机拍摄在胶片上,缩放到合适的尺寸后制成实用的全息图。这种工艺制作的是一种振幅型的 CGH,衍射效率很低,在很多实际应用场合中无法使用。将振幅型 CGH 转换为相位型 CGH,可以大幅度提高衍射效率。但相位型的 CGH 制作困难,直到超大规模集成电路 (Very Large Scale Integration, VLSI) 制作技术的出现和发展,为相位型 CGH 提供了一种有效的制作工艺。20 世纪 70 年代,美国麻省理工学院林肯实验室首次利用 VLSI 技术制作出具有二元台阶结构的相位型 CGH。由于实际制作出的相位结构,是以 2 为量化倍数,对理想连续相位轮廓作台阶形状近似,故被称为 “二元光学 (Binary Optics) 元件”[24−26]。为了得到更高衍射效率的二元光学器件,表面浮雕结构从 2 台阶发展到多台阶,直至近似连续分布。由于制作方法仍基于表面分步成形的套刻技术,每次刻蚀可得到二倍的相位阶数,故仍称其为二元光学,而且往往就称之为衍射光学。不过,由于套刻技术需多次重复掩模图形转印和刻蚀过程,加工环节多、周期长、成本高且对准精度难以控制。为此,人们探索了多种用于制作多台阶或连续浮雕型衍射器件的新方法,其中灰度掩模法被认为是极具发展潜力的一种方法 [25,26]。灰度掩模技术通过多组多台阶浮雕结构的相位信息,或包含连续结构的相位信息,经过一次光刻、显影和刻蚀后就能得到所需的衍射器件。也可以采用纯数字化的空间光调制器 (Spatial Light Modulator, SLM),如液晶显示器或数字微镜器件 (Digital Micromirror Device, DMD) 等,实时生成掩模来代替传统的物理掩模。

用于光学面形干涉测量的 CGH 对衍射效率要求不高,未镀膜的普通玻璃镜面测量需用相位型 CGH,高反射率的镜面测量则可用振幅型 CGH。因此,从制作效率、精度及成本考虑,CGH 补偿器通常都采用二元台阶型,可直接适用 VLSI 的光掩模 (Photomask) 制作工艺,分为涂胶、光刻、显影、刻蚀和去胶清洗等主要步骤。VLSI 制作通常是先按上述流程制作光掩模,然后将掩模图形通过投影曝光系统转印到晶圆上。振幅型或相位型 CGH 均可用光掩模工艺制作,不涉及 VLSI 后续的图形转印过程,工艺流程如图 2.29 所示。

(1) 涂胶。在石英基板上溅射 Cr/CrO_2 膜,然后涂覆光刻胶。光刻胶又称光致抗蚀剂,是由感光树脂、增感剂和溶剂三种主要成分组成的对光敏感的混合体。

(2) 光刻。用电子束或激光光刻设备将图形写到光刻胶上。光刻胶中的感光树脂经光照后,在曝光区能很快地发生光固化反应,使得这种材料的物理性能,特别是溶解性、亲和性等发生明显变化。

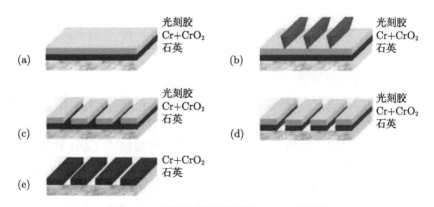

图 2.29   用光掩模工艺制作 CGH 的流程

(a) 涂胶；(b) 光刻；(c) 显影；(d) 刻蚀；(e) 去胶清洗

(3) 显影。光刻胶按设计图形曝光后，经适当的溶剂处理，溶去可溶性部分即可将图形形成于光刻胶层。

(4) 刻蚀。通过刻蚀去除未被光刻胶覆盖的 Cr/CrO_2，露出石英表面。

(5) 去胶清洗。剥离剩余的光刻胶后清洗并干燥，此时掩模由亮暗区域构成，分别对应石英表面和 Cr/CrO_2 表面，从而得到振幅型 CGH。

(6) 如果制作相位型 CGH，还需继续刻蚀石英基板，并去掉 Cr/CrO_2 膜层，此时整片均可透光，图形部分对应一定刻蚀深度的沟槽，非图形部分为去掉 Cr/CrO_2 膜层后裸露的石英表面，沟槽结构引入相位差，对入射光场形成相位调制。

光刻工艺常用激光或电子束直写，分别利用可控曝光剂量的激光或电子束对基片表面的光刻胶进行曝光，使其物理性能发生改变，显影后在光刻胶上形成所要求的图形。电子束直写方法制作精度较高，适于加工最小线宽小于 0.5μm 的器件；激光直写多用于最小线宽大于 0.5μm 的器件制作。同电子束直写相比，激光直写具有成本低、写入速度快、操作简单、工作环境要求低等优点[25,26]。图 2.30 是德国海德堡 DWL66+ 激光直写仪的内部结构，其中工作平台的有效光刻面积达 200mm×200mm，采用 10nm 分辨率的氦氖激光干涉仪进行反馈控制。光刻用激光器为波长 405nm 的固态半导体激光器，通过声光调节器 (Acousto-Optic Modulator, AOM) 及声光偏转器 (Acousto-Optic Deflector, AOD) 组成曝光扫描系统；激光读写头具有气浮式自动焦距控制，可有效控制光刻质量。DWL66+ 可直写的最小特征尺寸为 0.6μm，线宽均匀性为 60nm[27]。

图 2.31 是日本电子株式会社 (JEOL) 的 JBX-9300FS 电子束光刻系统结构，电子枪发射的电子束经过多级透镜系统聚焦在基板表面，直写的最小线宽为 20nm，定位精度为 30nm[28]。

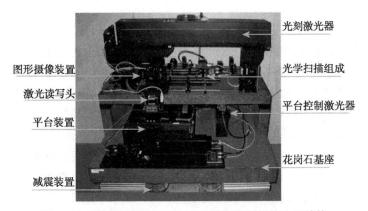

图 2.30 德国海德堡 DWL66+ 激光直写仪的内部结构

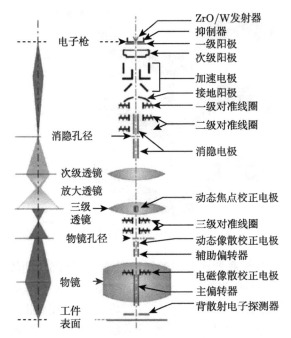

图 2.31 JEOL 的 JBX-9300FS 电子束光刻系统结构

  CGH 的刻蚀工艺通常采用反应离子刻蚀 (Reactive Ion Etching, RIE)，通过产生离子层高速撞击试样诱导化学反应来实现蚀刻。这是一种各向异性很强、选择性高的干法腐蚀技术，利用离子能量来使被刻蚀层的表面形成易被刻蚀的损伤层和促进化学反应，同时离子还可清除表面生成物。此外，电感耦合等离子体 (ICP) 刻蚀因离子密度高、刻蚀速率高，也已广泛应用于硅半导体的刻蚀工艺中 [29]。

2.4.2　CGH 编码方法

CGH 补偿器设计结果是用 Zernike 多项式描述的相位函数 $W(x, y)$ 或网格相位描述的相位曲面离散点集，在此基础上可计算任意高度值 z_0 的等高线，即满足 $W(x, y) = z_0$ 的所有坐标点集 $C_1 = \{(x, y) | W(x, y) = z_0\}$，以及高度值为 $z_0 + D$ 的等高线 $C_2 = \{(x, y) | W(x, y) = z_0 + D\}$，$D$ 为占空比。等高线是坐标平面上的光滑曲线，必须离散化处理并编码成激光或电子束直写系统支持的特殊数据格式。

CGH 图形的离散化如图 2.32 所示 [30]，在满足公差约束的前提下将图形边界曲线 (等高线 C_1 和 C_2) 近似分割为一系列线段，图形则被近似为一系列首尾连接的多边形。多边形分割越细，近似精度越高，但计算效率越低，因此离散化过程要在曲线近似的精度与计算效率之间进行折中，通常是在满足公差约束前提下尽可能减少分割线段数。另外，要尽可能提高曲线的离散化近似算法效率。

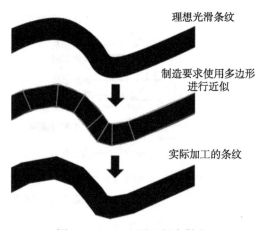

理想光滑条纹

制造要求使用多边形
进行近似

实际加工的条纹

图 2.32　CGH 图形的离散化

如图 2.33 所示为曲线离散化近似的切线段方法，等高线曲线用实线表示，虚线为公差约束的上下误差边界曲线。采用一系列微小切线段单元对条纹曲线进行离散化分割，切线段的端点在等高线上，且与边界曲线保持相切，从而使得近似误差满足公差约束。这一过程要不断求解每条线段与误差边界曲线的切点，由于自由曲面的 CGH 补偿器的相位函数极为复杂，将会极大增加计算难度，降低运算效率。

为避免计算切点，CGH 曲线离散化多采用图 2.34 所示方法 [31,32]。从等高线上线段某点 a 出发，沿指定的方向集中 $(0, \pm 27°, \pm 45°, \pm 63°, \pm 90°)$ 选择一个适当的方向画出直线段，计算其与误差边界曲线的交点 b，在方向集中选择与该点处曲线切线方向最接近的方向，继续画出下一线段，与误差边界曲线相交于点 c。如果始发于某条边界上点的线段与另一条边界没有交点，则可用其与同一条边界上的交点。重复上述步骤完成对整条曲线的离散化处理。这一过程不需计算切点，但计算线段与曲线的交点也需耗费较多计算时间，通常要求解二元非线性方程组，且涉及多次计算复杂、高阶多项式描述的相位函数值。

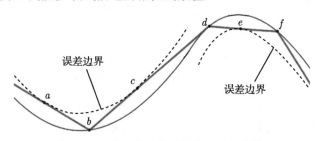

图 2.33　曲线离散化近似的切线段方法

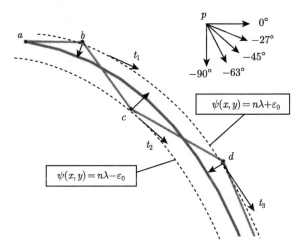

图 2.34　曲线离散化近似的指定方向集方法

事实上，当弧长足够小时，等高线上的任一段曲线都可近似认为是曲率半径为某个数值 R 的圆弧，如图 2.35 所示，误差边界曲线是曲率半径为 $R\pm\delta$ 的两段圆弧。显然由误差边界约束的最大直线度的弦长 L 应满足

$$L = 4\sqrt{R\delta} = 4\sqrt{\frac{\varepsilon_0\lambda}{|\kappa|\,G}} \tag{2-8}$$

式中，λ 为激光波长；ε_0 是给定的相位公差 (单位为波长 λ)；$|\kappa|$ 为该段曲线的平均曲率；G 为相位函数 $W(x,y)$ 上给定位置的梯度大小

$$G = \sqrt{\left(\frac{\partial W}{\partial x}\right)^2 + \left(\frac{\partial W}{\partial y}\right)^2} \tag{2-9}$$

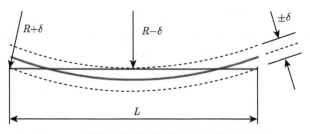

图 2.35　局部曲线用圆弧近似对应的最大弦长

接下来的离散化处理过程就是从一系列坐标轴与曲线的交点集合中选择适当的点作为线段节点, 使得分割线段的弦长不超过最大弦长即可。图 2.36(a) 表示在类型 1(凹曲线) 的局部条纹轮廓线的离散方法, 当 $\partial W/\partial y \geqslant 0$ 时, 在边界曲线 $W(x, y) = (n - \varepsilon_0)\lambda$ 上形成分割线段; 当 $\partial W/\partial y < 0$ 时, 在边界曲线 $W(x, y) = (n + \varepsilon_0)\lambda$ 上形成分割线段。图 2.36(b) 表示在类型 2(凸曲线) 的局部条纹轮廓线的离散化方法, 当 $\partial W/\partial y \geqslant 0$ 时, 在边界曲线 $W(x, y) = (n + \varepsilon_0)\lambda$ 上形成分割线段; 当 $\partial W/\partial y < 0$ 时, 在边界曲线 $W(x, y) = (n - \varepsilon_0)\lambda$ 上形成分割线段。注意等高线上不同曲线段的曲率是变化的, 要确保分割线段弦长不大于临界值。

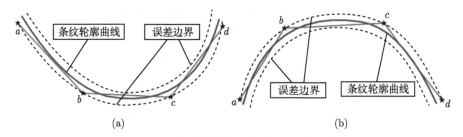

图 2.36　曲线离散化近似的最大弦长法

对于可能存在拐点的类型 3 的条纹轮廓曲线, 如图 2.37 所示, 建议首先利用轮廓曲线的一阶、二阶导数性质找到拐点位置, 然后将其分为两段来处理。每一段都不含拐点, 凹凸性不变, 因此可用上述类型 1 或类型 2 的离散化处理方法。

上述过程主要涉及相位函数的函数值、等高线的一阶和二阶导数及曲率的计算。假设相位函数用 Zernike 多项式描述 (单位为波长), 为了方便计算导数, 应将多项式从极坐标的函数 $W(\rho, \theta)$ 转换为直角坐标的函数 $W(x, y)$。第 1 章已经提到, 可利用 Fierz 系数和 Jacobi 多项式推导得到直角坐标系下封闭形式的 Zernike 多项式 [33], 则高度值为 z_0 的等高线 $y = f(x)$ 可用如下隐函数方程表示

$$W(x, y) - z_0 = 0 \tag{2-10}$$

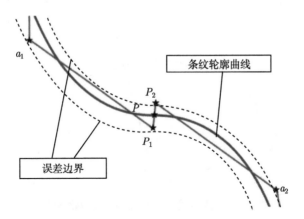

图 2.37 拐点处划分为凹凸性一致的两段曲线分别处理

根据隐函数求导法则，等高线的一阶导数由下式计算得到

$$\frac{\mathrm{d}y}{\mathrm{d}x} = -\frac{\partial W}{\partial x} \bigg/ \frac{\partial W}{\partial y} \tag{2-11}$$

二阶导数由下式计算得到

$$\frac{\mathrm{d}^2y}{\mathrm{d}x^2} = \left[(-1) \cdot \left(\frac{\partial^2 W}{\partial x^2} \cdot \frac{\partial W}{\partial y} - \frac{\partial^2 W}{\partial y \partial x} \cdot \frac{\partial W}{\partial x} \right) \right.$$
$$\left. + \frac{\partial W}{\partial x} \left(-\frac{\partial^2 W}{\partial y^2} \cdot \frac{\partial W}{\partial x} \bigg/ \frac{\partial W}{\partial y} + \frac{\partial^2 W}{\partial y \partial x} \right) \right] \bigg/ \left(\frac{\partial W}{\partial y} \right)^2 \tag{2-12}$$

曲率的计算公式为

$$\kappa = \frac{\left| \dfrac{\mathrm{d}^2 y}{\mathrm{d}x^2} \right|}{\left[1 + \left(\dfrac{\mathrm{d}y}{\mathrm{d}x} \right)^2 \right]^{3/2}} \tag{2-13}$$

如果相位函数是回转对称多项式，例如，对准全息的相位补偿函数一般采用 Binary 2 多项式定义，其相位函数 (单位为 rad) 的表达式如下，只包含极半径 ρ 的偶次幂，而与角度 θ 无关

$$W(\rho) = m \sum_{i=1}^{N} A_i \rho^{2i} \tag{2-14}$$

由于等高线图形为系列同心圆环，同一高度值的等高线 (圆) 处处曲率相等，其离散化过程可极大简化，例如，按照等角度间隔在公差约束的外边界上进行线段分割近似，形成离散节点。如图 2.38 所示，由等高线圆弧半径 R 及其公差带边界圆弧半径 R_w 可以确定最大角度间隔为

$$\beta_m = 2 \arccos \frac{R_w}{R} \tag{2-15}$$

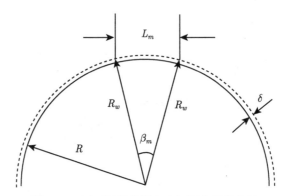

图 2.38   圆环图样的等角度间隔离散化方法

　　图形离散化后，需按照直写系统支持的数据格式，顺次连接各个条纹轮廓的离散节点，最终形成由多边形构成的加工图样并写入数据文件。常用数据格式包括 GDSII*、Caltech 中介格式 (Caltech Intermediate Format, CIF)、设计交换格式 (Design Exchange Format, DEF) 等。其中，GDSII 是用来描述掩模几何图形的事实标准，是二进制格式，内容包括层和几何图形的基本组成 [34,35]。考虑到 CGH 相位函数的复杂性以及高精度要求，建议采用 GDSII 文件格式，一般 6in 口径的 CGH 对应的数据文件大小可控制在 1GB 以下。

参 考 文 献

[1] 王之江. 现代光学应用技术手册 (上册)[M]. 北京：机械工业出版社，2010.

[2] 钟锡华. 现代光学基础 [M]. 2 版. 北京：北京大学出版社，2012: 339.

[3] 虞祖良，金国藩. 计算机制全息图 [M]. 北京：清华大学出版社，1984.

[4] Chang Yu-Chun. Diffraction Wavefront Analysis of Computer-Generated Holograms[D].
     Ph. D. Dissertation, The University of Arizona, 1999.

[5] Wyant J C, MacGovern A J. Computer generated holograms for testing aspheric optical
     elements[C]. International Symposium Application de I'Holographie, Besancon, France,
     1970, July.

[6] MacGovern A J, Wyant J C. Computer generated holograms for testing optical ele-
     ments[J]. Appl. Opt., 1971, 10(3): 619-624.

[7] Wyant J C, Bennett V P. Using computer generated holograms to test aspheric wave-
     fronts[J]. Appl. Opt., 1972, 11(12): 2833-2839.

[8] Wyant J C, O'Neill P K. Computer generated hologram: Null lens test of aspheric
     wavefronts[J]. Appl. Opt., 1974, 13(12): 2762-2765.

---

* GDSII 是 Calma 公司的商标，GDS 英文全称 Graphic Database System。

[9] Burge J H. Fizeau interferometry for large convex surfaces[C]. Proc. of SPIE, 1995, 2536: 127-138.

[10] Burge J H. Fabrication of large circular diffractive optics[C]. Diffractive Optics and Micro-Optics. OSA Tech. Dig., 1998: 10.

[11] Mallik P C V, Zehnder R, Burge J H, et al. Absolute calibration of null correctors using dual computer-generated holograms[C]. Proc. of SPIE, 2007, 6721: 672104-1~16.

[12] 钟锡华. 现代光学基础 [M]. 2 版. 北京：北京大学出版社，2012: 61, 62.

[13] Zhao C. Computer generated holograms for optical testing[C]. SPIE Computer Generated Holography Workshop, May, 2012: 14-18.

[14] Swanson G J. Binary optics technology: the theory and design of multi-level diffractive optical elements[R]. Lincoln Lab. Tech. Rep., 1989: 854.

[15] Swanson G J, Veldkamp W B. High-efficiency, multilevel, diffractive optical elements[P]. US, patent 4895790. 1990.

[16] Erteza I A. Diffraction efficiency analysis for multi-level diffractive optical elements[R]. Sandia Report Sand951697, Nov. 1995.

[17] Chapter 11 Surface types. ZEMAX Optical Design Program User's Guide, February 3, 2005: 225-288.

[18] Lindlein N. Analysis of the disturbing diffraction orders of computer-generated holograms used for testing optical aspherics[J]. Appl. Opt., 2001, 40(16): 2698-2708.

[19] Garbusi E, Osten W. Analytical study of disturbing diffraction orders in in-line computer generated holograms for aspheric testing[J]. Optics Communications, 2010, 283: 2651-2656.

[20] 李明，罗霄，薛栋林，等. 考虑投影畸变设计大口径离轴非球面检测用计算全息图 [J]. 光学精密工程, 2015, 23(5): 1246-1253.

[21] Novak M, Zhao C, Burge J H. Distortion mapping correction in aspheric null testing[C]. Proc. of SPIE, 2008, 7063: 706313-1~8.

[22] Zhao C, Burge J H. An orthonormal series of vector polynomials in a unit circle, Part I[J]. Opt. Express, 2007, 15: 18014-18024.

[23] Zhao C, Burge J. H. An orthonormal series of vector polynomials in a unit circle, Part II[J]. Opt. Express, 2008, 16: 6586-6591.

[24] 金国藩，严瑛白，邬敏贤，等. 二元光学 [M]. 北京：国防工业出版社，1998.

[25] 谌廷政. 微光学器件灰度掩模制作及应用技术的研究 [D]. 长沙：国防科技大学, 2004.

[26] 罗宁宁. 微光学器件数字掩模制作技术的研究 [D]. 南京：南京航空航天大学, 2012.

[27] 德商海德堡激光技术 (深圳) 有限公司. DWL66+ 激光直写仪规范说明书.

[28] Takemura H, Ohki H, Isobe M. 100kV high resolution E-beam lithography system, JBX-9300FS[C]. Proc. of SPIE, 2002, 4754: 690-696.

[29] 戴忠玲，毛明，王友年. 等离子体刻蚀工艺的物理基础 [J]. 物理, 2006, 35(8): 693-698.

[30]　Cai W, Zhou P, Zhao C, et al. Analysis of wavefront errors introduced by encoding computer-generated holograms [J]. Appl. Opt., 2013, 52(34): 8324-8331.

[31]　Fan J, Zaleta D, Urquhart K S, et al. Efficient encoding algorithms for computer-aided design of diffractive optical elements by the use of electron-beam fabrication [J]. Appl. Opt.,1995, 34(14): 2522-2533.

[32]　Gan Z H, Peng X Q, Chen S Y, et al. Fringe discretization and manufacturing analysis of a computer-generated hologram in a null test of the freeform surface [J]. Appl. Opt., 2018, 57(34): 9913-9921.

[33]　Carpio M, Mdacara D. Closed Cartesian representation of the Zernike polynomials[J]. Optics Communications, 1994, 110: 514-516.

[34]　Rubin S M. Appendix C: GDS II Format in computer aids for VLSI design [R]. 1994.

[35]　Calma Company. GDSII^{TM} Stream Format Manual. Documentation No. B97E060, 1987.

第3章 光学复杂曲面的 CGH 补偿检验实例

3.1 回转对称非球面

第 2 章介绍 CGH 设计方法时,使用的就是回转对称非球面作为被测面的例子,不过由于采用了倾斜载频,CGH 相位函数对应的衍射图样并非回转对称的。如果采用离焦载频,则相位函数也是回转对称的,设计优化过程更简单。不过要注意离焦载频只能沿轴向分离各衍射级次,意味着所有衍射级次的靠近光轴的光线都可能形成鬼像干扰。幸而回转对称非球面在同轴系统中通常都具有中心遮拦孔,因此能够选择适当的离焦载频大小,完全隔离干扰级次的光线。从 CGH 制作工艺考虑,如果掩模直写机是工作在 X-Y 光栅扫描方式,则制作非回转对称的、接近直线光栅的衍射图样更为方便;如果直写方式是 ρ-θ 极坐标的,则制作回转对称的衍射图样更容易。下面以双曲面的 CGH 设计为例,介绍离焦载频的使用。

被测双曲面的顶点曲率半径 $R_0 = 357.8$mm,二次常数 $k = -1.037372$,通光口径为 Φ154mm,中心遮拦孔的直径为 24mm。按照第 2 章介绍的步骤,第一步,建立光线单次传播的模型。使用自定义表面类型或零折射率材料对被测面进行建模,使得任意光线经过该被测面反射后均强制沿其法向传播。找到 RMS 弥散斑直径最小的位置作为 0 级像平面,对应到被测面的距离为 $d = 362$mm。利用光学设计软件如 Zemax 的 Through Focus 功能,给出指定离焦位置的弥散斑尺寸,根据 CGH 尺寸 D(通常主全息区域尺寸为 100mm 左右) 初步确定其轴向位置,到像面的距离取 $l = 200$mm。

第二步,确定 CGH 的离焦载频。因为 CGH 相位函数是回转对称的,可用只含极半径 ρ 的偶次幂多项式的 Binary 2 表面类型来建模,其离焦项 (ρ^2) 的系数设为 A(单位为 rad)。那么该离焦项对应的等效抛物面的矢高为

$$s = \frac{A\lambda}{2\pi} \tag{3-1}$$

式中,λ 为 CGH 的使用波长。则由于离焦载频使得非球面波前传播到 CGH 平面处的 1 级衍射波前的等效曲率半径变为 R,满足

$$\frac{1}{R} = \frac{1}{l} - \frac{A\lambda}{\pi r^2} \tag{3-2}$$

其中,$r = 50$mm 为 CGH 相位函数的归一化半径;R 值确定了 ± 1 级衍射波前的像平面位置,如图 3.1 所示;离焦系数 A 的大小应使得被测面上中心遮拦孔

边缘光线 (高度为遮拦孔半径 12mm) 衍射后被 1 级像平面处的针孔遮拦, 不会到达像面形成鬼像干扰。假设中心遮拦孔边缘光线达到 CGH 平面对应的高度为 h, $h \approx (l/d) \cdot 12\text{mm} = 6.63\text{mm}$, 那么应有

$$p \leqslant \frac{R-l}{l} h \tag{3-3}$$

联立式 (3-2) 与式 (3-3) 得到

$$A \geqslant \frac{p}{h+p} \frac{\pi r^2}{\lambda l} \tag{3-4}$$

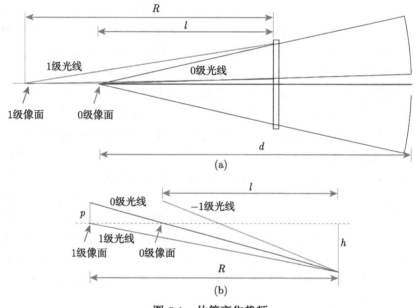

图 3.1   估算离焦载频

(a) 离焦载频调制示意图; (b) 中心遮拦孔边缘光线被针孔遮拦的夸大图

针孔半径所对应的空间频率通常应大于干涉仪 CCD 像素间隔所确定的奈奎斯特采样频率, 本例中取 $p = 1\text{mm}$, 则根据式 (3-4) 计算得到 $A \geqslant 8133$。如果载频为负离焦, 1 级像点比 0 级更靠近 CGH, 此时的衍射波前的等效曲率半径 R 满足

$$\frac{1}{R} = \frac{1}{l} + \frac{A\lambda}{\pi r^2} \tag{3-5}$$

载频大小按下式估算

$$A \geqslant \frac{p}{h-p} \frac{\pi r^2}{\lambda l} \tag{3-6}$$

计算得到 1mm 针孔半径对应离焦载频系数 $A \geqslant 11023$, 因此这里取 $A = 12000$。

第三步，相位函数的优化设计。将 CGH 相位函数 Binary 2 的其余高阶项系数 (本例中用到最高 16 次幂项) 以及 CGH 到被测面距离设为优化变量，优化的目标函数可选取软件缺省的评价函数，如以 RMS 波像差最小为目标。优化后的剩余波像差为 0.0001λ PV。根据相位函数估计 CGH 衍射结构的最小周期 (条纹间隔)，若周期太小，超出现有 CGH 制作工艺能力，则考虑修改 CGH 位置、载频等并重新计算相位函数。

第四步，将 CGH 设计模型变为光线往返传播的光路。模拟实际干涉测量光路，像点位置即干涉仪球面镜头参考面的球心 (测试球面波的球心)。此时的波像差应是光线单次传播的波像差的两倍。利用软件的 Footprint Diagram 检查被测面上实际的测量区域是否满足测量口径要求，图 3.2 所示为设计结果，CGH 主全息图样为回转对称的同心圆环，位于中心 $\Phi6\sim46$mm 区域，最小刻线周期为 19.6μm。检查干扰级次发现采用 1mm 半径的针孔滤波，几乎没有鬼像。作为对比，若离焦载频取 $A = 10000$，则会有边缘光线未被遮拦而形成鬼像，如图 3.3 所示是 $(+3, -1)$ 级组合形成的干扰。

图 3.2　回转对称非球面 CGH 主全息设计结果

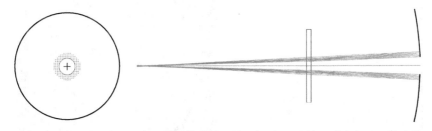

图 3.3　离焦载频太小导致干扰级次的被测镜面上中心遮拦孔边缘光线形成鬼像

对准全息利用 CGH 主全息以外的 $\Phi47\sim62$mm 环带区域，仍然采用 Binary 2 建模优化，得到回转对称的同心圆环全息图样。标记全息利用对准全息环带区域上坐标轴方向的四个小圆区域，用 Zernike 标准相位建模优化，投射四个光标在被测镜边缘，其衍射图样不再是回转对称的。最后将各功能区的全息图样合成在一起，如图 3.4 所示。由于反射镜材料是铝合金，被测面是单点金刚石车削加工的高反射率镜面，所有全息图样均用振幅型，可降低制造成本。

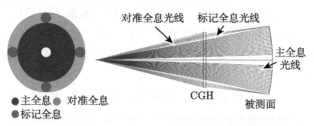

图 3.4   回转对称非球面 CGH 的各功能区 (扫描封底二维码可看彩图)

图 3.5(a) 是制作的 CGH 实物照片，图 3.5(b) 是测量实验现场照片。采用 Zygo GPI XP/D 4in 干涉仪和 $f/1.5$ 标准球面镜头，测得面形误差结果如图 3.5(c) 所示。图 3.5(d) 是干涉图，中心区域为测试条纹，外围环带为 CGH 对准条纹，没有其余级次的鬼像条纹干扰。

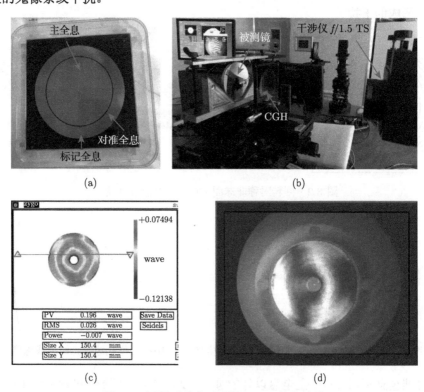

图 3.5   回转对称非球面的 CGH 补偿检验

(a) CGH 实物；(b) 测量实验现场；(c) 面形误差测量结果；(d) 干涉图

3.2 离轴凸非球面

离轴非球面测量除了要获得面形误差信息外，还需要准确控制离轴量公差。被测面为凸双曲面，通光口径 Φ49mm，离轴量为 (60±0.01)mm，顶点曲率半径 $R = (289.74\pm0.2)$mm，二次常数 $k = -5.892\pm0.001$。反射镜材料为铝合金，采用单点金刚石车削加工方法，两个离轴反射镜关于母镜光学中心对称布置在工件盘上，母镜光轴与超精密车床主轴重合，如图 3.6 所示。为控制离轴量公差，在工件盘上反射镜的外围加工三个十字叉丝标记。在以离轴方向为 Y 轴、母镜光轴为 Z 轴、母镜顶点为原点的坐标系下，三个十字叉丝标记的坐标分别为 (0, 0)、(0, 100) 和 (30, 30)，Z 坐标均为 -24.5mm。

因为凸面测量没有实焦点可用于光路装调，对于顶点曲率半径与口径之比 (R/D) 较大的被测面，建议用标准平面镜头 (TF)，CGH 相对干涉仪更容易对准。测试光束对准被测镜的几何中心，光轴近似与几何中心处的曲面法向重合。通过追迹或计算可知，被测镜几何中心法向与母镜光轴夹角约为 10.662455°。CGH 用 Zernike 标准相位建模，施加倾斜载频隔离干扰级次，因而干涉仪相对 CGH 有一个角度倾斜，靠 CGH 上的对准全息来精确对准。由于透过干涉仪 TF 的测试光束是准直光束，CGH 相对干涉仪只存在倾斜调整，对准全息是简单的直线光栅 (周期 8.75μm)，位于 Φ71~100mm 环带区域。

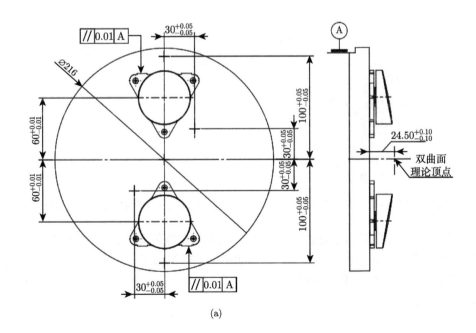

(a)

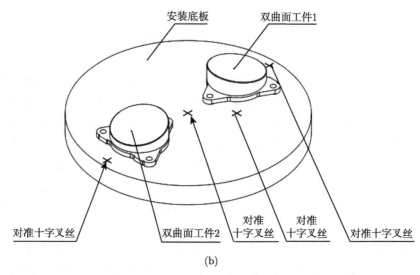

(b)

图 3.6　离轴凸非球面设计图纸 (单位：mm)

(a) 工程图；(b) 轴测图

CGH 到被测面顶点距离 100mm，中心 Φ70mm 为主全息区域，包含倾斜载频的全息图样，最小刻线周期为 5.5μm。标记全息位于 Φ71~100mm 环带区域 ±Y 和 135° 方向的三个小圆区域，在图 3.6(b) 所示十字叉丝位置产生三个光标用于对准被测镜。离轴凸非球面 CGH 的各功能区及其测试光路见图 3.7。

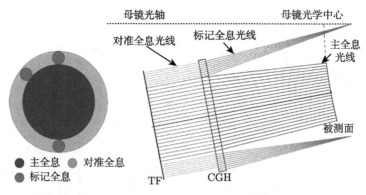

图 3.7　离轴凸非球面 CGH 的各功能区及其测试光路 (扫描封底二维码可看彩图)

图 3.8(a) 是离轴凸非球面的 CGH 补偿检验实验现场照片。采用 Zygo GPI XP/D 6in 干涉仪和标准平面镜头，测得面形误差结果如图 3.8(b) 所示。图 3.8(c) 是干涉图，中心区域为测试条纹，外围环带为 CGH 对准条纹，没有其余级次的鬼像条纹干扰。

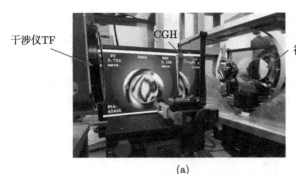

(a)

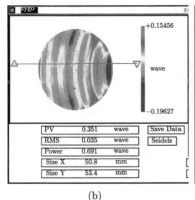

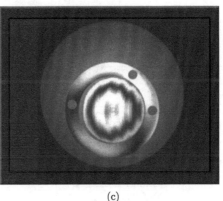

(b)   (c)

图 3.8　离轴凸非球面的 CGH 补偿检验

(a) 实验现场；(b) 面形误差测量结果；(c) 干涉图

如果仅凭肉眼判断标记全息投射的光标与工件盘上刻画的十字叉丝是否重合，定位精度较低。对于离轴量公差较严格的场合，可使用高倍数码相机或内调焦望远镜头对准十字叉丝，通过对图像进行处理和分析，可将定位精度提高至 10μm 量级。

3.3　*XY* 多项式自由曲面

被测镜是 *XY* 多项式自由曲面，对应 Zemax 光学设计软件中的扩展多项式模型，由二次曲面加上 *XY* 多项式组成，定义如下

$$z = \frac{\left(x^2 + y^2\right)/R}{1 + \sqrt{1 - (k+1)\left(x^2 + y^2\right)/R^2}} + C_3 x^2 + C_5 y^2 + C_7 x^2 y + C_9 y^3 + C_{10} x^4 + C_{14} y^4$$

$$(3\text{-}7)$$

其中，$R = -323.704\text{mm}$，$k = 1.7116$，$C_3 = -7.149 \times 10^{-4}$，$C_5 = -6.683 \times 10^{-4}$，$C_7 = 2.243 \times 10^{-7}$，$C_9 = -3.289 \times 10^{-7}$，$C_{10} = -3.764 \times 10^{-10}$，$C_{14} = -5.925 \times 10^{-9}$。

　　自由曲面反射镜的材料为铝合金，口径为四角倒圆的矩形，长 × 宽为 94mm×58mm，几何中心到光轴中心的离轴量为 46.14mm。反射镜采用单点金刚石车削加工方法，两个离轴反射镜 (其中一个为配重工件) 关于母镜光学中心对称布置在工件盘上，母镜光轴与超精密车床主轴重合，如图 3.9 所示。为控制离轴量公差，在工件盘上反射镜的外围加工四个十字叉丝标记，通过坐标测量机找正位置。在以离轴方向

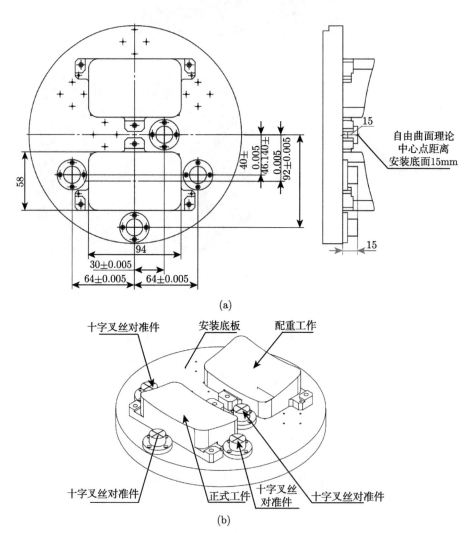

图 3.9　自由曲面设计图纸 (单位：mm)

(a) 工程图；(b) 轴测图

为 $-Y$ 轴、母镜光轴为 Z 轴、母镜顶点为原点的坐标系下，四个十字叉丝标记的坐标分别为 $(30,0)$、$(64,-40)$、$(0,-92)$ 和 $(-64,-40)$，Z 坐标均为 0，即十字叉丝位于自由曲面定义坐标系的坐标平面 XOY 内。

通过追迹或计算可知，被测镜几何中心法向与母镜光轴夹角约为 $11.779204°$。CGH 主全息用 Zernike 标准相位表面类型建模，距离像点位置 80mm，到被测镜距离为 142.7mm。施加绕 X 轴的倾斜载频 (Zernike 多项式中 Y 倾斜分量系数为 1500)。相应地，像点位置沿 Y 轴有偏心，偏心量为 8.130156mm。也就是说，干涉仪透过标准球面镜头的测试光束焦点相对 CGH 的定义坐标系存在同样大小的 Y 方向偏心，相当于轴外点光源。主全息位于中心 Φ44mm 区域，最小刻线周期 6.4μm，且图样接近直线光栅，便于加工。

对准全息设计时保持干涉仪点光源与 CGH 的偏心关系。为便于优化计算，按点光源为轴上点 (而不是主全息设计时的轴外点) 来设计，此时对准全息图样为同心圆环，其相位函数可用只含偶次幂项的回转对称多项式建模，在 Zemax 中采用 Binary 2 表面类型，减少优化变量。再次提醒在后续生成加工数据时，对准全息图样应相对 CGH 主全息图样加入一个 Y 方向偏心量 8.130156mm。对准全息位于 Φ44~70mm 环带区域，采用 +3 级衍射，最小刻线周期 22.5μm。

标记全息也用 Zernike 标准相位表面类型建模，位于 Φ44~70mm 环带区域的四个小圆区域，在图 3.9 所示十字叉丝位置产生四个光标用于对准被测镜。CGH 上各功能区及其测试光路见图 3.10。图 3.11 是主全息、对准全息和十字叉丝 $(-64,-40)$ 处产生光标的标记全息的衍射图样，因为标记全息只占一个小圆区域，可选择条纹稀疏的区域以降低加工难度。

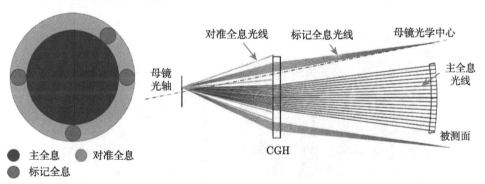

图 3.10 自由曲面 CGH 的各功能区及其测试光路 (扫描封底二维码可看彩图)

图 3.12(a) 是自由曲面的 CGH 补偿检验实验现场照片，在被测镜外围指定位置可见标记全息投射的光标。采用 Zygo GPI XP/D 4in 干涉仪和 $f/0.75$ 球面标准镜头，测得面形误差结果如图 3.12(b) 所示。图 3.12(c) 是干涉图，中心区域为

测试条纹，外围环带为 CGH 对准条纹，在主全息的有效干涉区域内没有鬼像条纹干扰。

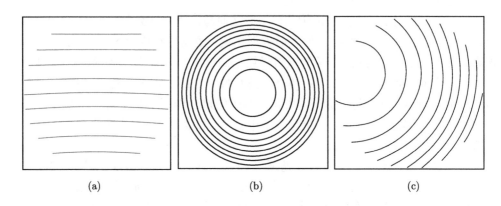

(a)　　　　　　　　　　　　(b)　　　　　　　　　　　　(c)

图 3.11　自由曲面 CGH 的各功能区衍射图样

(a) 主全息；(b) 对准全息；(c) 标记全息

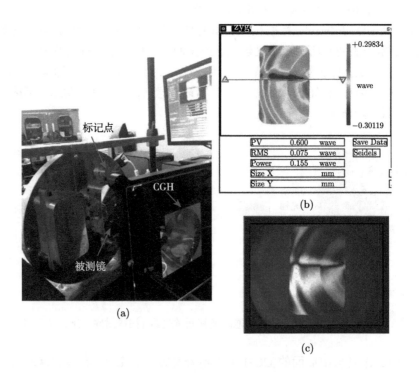

图 3.12　自由曲面的 CGH 补偿检验

(a) 实验现场；(b) 面形误差测量结果；(c) 干涉图

该反射镜对面形精度和表面质量要求较高，在单点金刚石车削加工后还需进行抛光修形并提升表面质量，抑制车削引入的刀痕等中频误差分量。整个加工工艺流程如图 3.13 所示，在单点金刚石超精密车削后，使用磁流变抛光 (Magneto-Rheological Finishing, MRF) 修形和化学机械抛光 (Chemical Mechanical Polishing, CMP) 提升表面质量 [1,2]。由于铝合金硬度低，传统工艺是镀镍磷层后再抛光，而不能直接抛光，近年来的 MRF 与 CMP 组合工艺解决了该难题 [3,4]。首先通过铝镜直接抛光的机理分析和实验优化，确定了抛光工艺参数，抛光后表面粗糙度 Ra 从抛光前的 2.179nm 提升至 0.911nm，如图 3.14 所示，验证了铝镜可直接抛光得到超光滑表面。

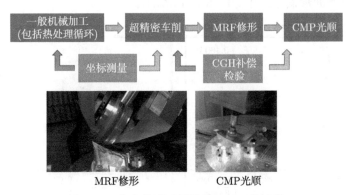

图 3.13　自由曲面反射镜的加工工艺流程

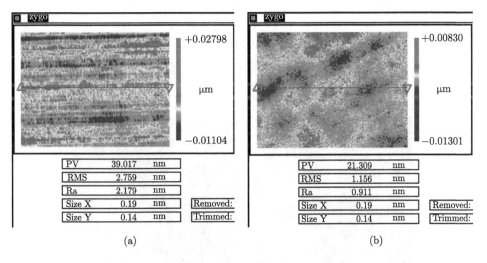

图 3.14　铝镜直接抛光提升表面质量 (扫描封底二维码可看彩图)

(a) 抛光前表面粗糙度；(b) 抛光后表面粗糙度

　　MRF 修形基于 CGH 补偿检验得到的面形误差信息，解算出磁流变抛光模的驻留时间，控制抛光机床在镜面上确定的位置进行材料的可控去除。经过几次修形–检测的迭代过程，可将面形误差减小至图纸要求。然而，自由曲面的 CGH 补偿检验结果存在投影畸变，因此必须进行畸变校正，找到面形误差测量结果在实际镜面上的准确位置，才能确保修形过程收敛。采用第 2 章介绍的光线追迹方法进行投影畸变校正，校正前的误差如图 3.15(a) 所示，矩形的两条长边可见较明显的畸变，直边稍有弯曲；校正后的误差如图 3.15(b) 所示。图 3.15 所示面形误差是超精密车削加工后的结果，尚不满足精度和表面粗糙度要求；通过两次抛光修形和光顺后，满足图纸要求。图 3.16(a) 和 (b) 分别是超精密车削加工和抛光及光顺后的反射镜照片，最终面形误差结果如图 3.16(c) 所示。

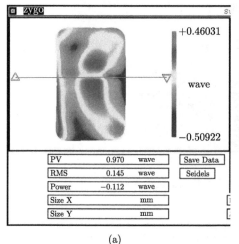
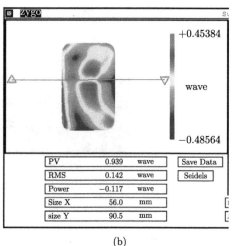

(a)　　　　　　　　　　　　　　　　　(b)

图 3.15　自由曲面 CGH 补偿检验的投影畸变校正 (扫描封底二维码可看彩图)

(a) 校正前；(b) 校正后

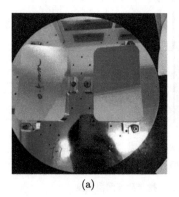

(a)　　　　　　　　　　　(b)

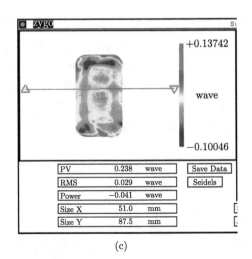

(c)

图 3.16　自由曲面反射镜加工结果 (扫描封底二维码可看彩图)

(a) 超精密车削加工后；(b) 抛光及光顺后；(c) 最终面形误差 (有效口径内)

3.4　共体多曲面的形位误差同步检验

3.4.1　多面共体元件的 CGH 补偿检验

第 1 章提到装调困难是传统自由曲面光学系统面临的一大挑战，因此近年来的一个发展趋势是 "多面共体"，即将系统中的多个复杂曲面以确定的位置关系加工在一个光学元件上，共用一个镜体。多面共体方案通过超精密加工和检测技术直接保证多个反射镜的相对位置和姿态关系，可极大简化系统装调难度。因为光学系统中自由曲面的位置或姿态扰动，会引入显著像差，反映在干涉测量结果中则得到错误的面形误差，所以共体的多个曲面测量首先要解决的问题是其面形与位置的同步检测，要求精度分别达到 10nm 级和 μm 级。传统波面干涉测量很难准确找正被测面的位置，坐标测量和探针轮廓测量技术又不满足精度要求。而 CGH 理论上能够由其衍射作用生成任意波前，是复杂曲面检验的首选补偿器；并且因为可在 CGH 上同步制作出多个功能区域，实现不同功能检验光路的高精度对准，所以 CGH 非常满足共体多曲面的形位误差同步检验要求。

第 1 章图 1.14(d) 所示德国耶拿大学研制的离轴四反无焦成像系统中，主镜 (M1) 与三镜 (M3)、次镜 (M2) 与四镜 (M4) 分别被加工为多面共体元件。为保证镜面间位姿关系，各共体曲面在加工和检测中都维持工件基准不变，检测采用的方法是 CGH 补偿干涉检验。图 3.17 展示了用于共体主三镜检测的 CGH 及其检测光路，其中外环为用于 CGH 与干涉仪对准的对准全息；左右矩形区域为用于检测主三镜面形误差的主全息；上下矩形区域为基准全息，其衍射图案投射到元件对应的平面区域上，作为元件绕 X 轴、Y 轴倾斜的约束基准；左右圆形区域也是基准全息，其衍射图案投射到元件对应的球面区域上，作为元件其余 4 个自由度 (沿 X 轴、Y 轴、Z 轴的平移和绕 Z 轴的回转) 的约束基准。最终检测结果表明各镜面的面形误差达到 RMS < 20nm，镜面间横向位置精度优于 2μm，轴向位置精度优于 20μm，绕各轴旋转精度优于 5″，满足使用需求 [5]。

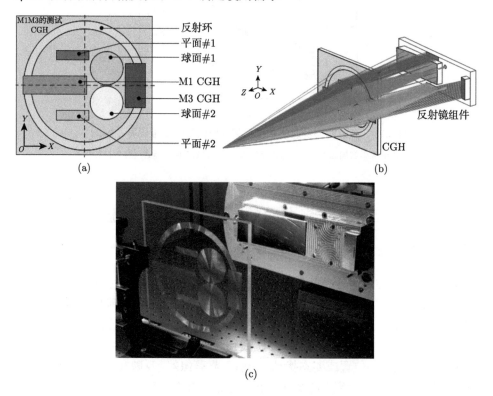

图 3.17　共体主三镜的 CGH 补偿检验

(a) CGH 各功能区；(b) 检验光路；(c) 测量现场照片

长春光机所也报道了使用 CGH 测量共体的次镜与四镜的面形，并且利用 CGH 可同时保证多面之间的位置关系的特点，指导 Cook 型三反消像散 (Three Mirror Anastigmat, TMA) 系统中主镜 (PM) 与三镜 (TM) 的装调。如图 3.18(a) 所示，主镜与三镜共光轴但没有中间焦点，设计的 CGH 各功能区如图 3.18(b) 所示，测量现场照片如图 3.18(c) 所示，通过图 3.18(d) 所示的各功能区干涉图，在测得面形的同时实现两个反射镜的装调 [6]。

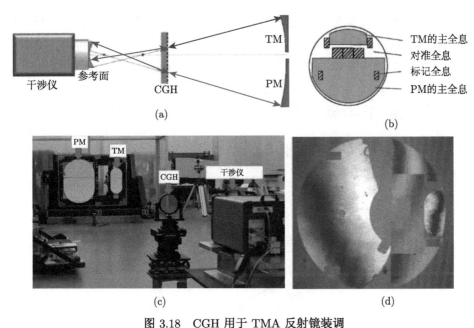

图 3.18 CGH 用于 TMA 反射镜装调

(a) 检验光路；(b) CGH 各功能区；(c) 测量现场照片；(d) 各功能区干涉图

下面以宽光谱 (可见光/红外) 共轴成像系统中的共体反射镜检测为例，验证 CGH 同时测得多个曲面的面形和位置误差的能力。

3.4.2 宽光谱共轴相机反射镜的 CGH 补偿检验

现代军用光电载荷都要求具有覆盖可见光到红外波段的宽光谱探测能力，这主要是因为可见光/近红外/短波红外波段 (0.4~ 3μm) 是太阳反射光谱区，可以获取军事装备、军队部署等信息；中波红外波段 (3~ 8μm) 可用于探测飞机尾喷气流、爆炸气体等高温物体的辐射光谱特征；长波红外波段 (8~ 15μm) 是实现昼夜战场侦察、监视，识别伪目标、消除背景干扰的主要工作波段，是仅仅基于热发射的被动成像，不需要阳光或红外主动照明。基于图像融合算法进行宽光谱范围的图像融合，所提供的图像信息更准确、更丰富，更适用于对非结构化复杂环境目标及场景进行详细探测侦查和目标识别，并且能够穿透烟、雾、霾和粉尘，可有效用于战场侦察中应对目标的伪装和隐蔽战术，在识别生化战剂微粒和非传统威胁提前告警方面有独特优势。传统军用光电载荷多采用分立式吊舱结构，分别集成可见光相机、红外相机、激光测距仪和激光目标指示器等多个独立载荷，存在非共轴分立设置、宽光谱图像融合难度大和在机处理效率低等问题。

宽光谱共轴相机采用多重光路折叠设计 [7-10]，将传统的同轴多反射镜系统沿轴向压缩，而改为径向扩展，成为扁平式超薄型成像系统。如图 3.19 所示 [11]，该相机共包括两个成像系统，对角视场达到 15°。其中一个工作在长波红外波段 (8~12μm)，有效口径约 39mm；另一个工作在可见光波段 (0.45~0.75μm)，有效口径约 16mm。每个系统均包含 4 个高次非球面 ($S_1 \sim S_4$)，方程如下

$$z = \frac{r^2/R}{1+\sqrt{1-(k+1)\,r^2/R^2}} + \alpha_1 r^2 + \alpha_2 r^4 + \alpha_3 r^6 + \alpha_4 r^8 + \alpha_5 r^{10} + \alpha_6 r^{12} + \alpha_7 r^{14} + \alpha_8 r^{16}$$

$$(3\text{-}8)$$

其中，r 为垂直光轴方向的径向坐标；R 为顶点曲率半径；k 为非球面的二次常数；α_i 代表各高次项系数。

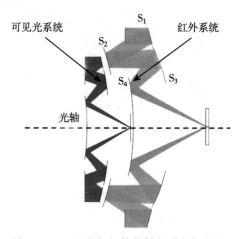

图 3.19　可见光与红外共轴折叠相机设计

目标光线先后经过 S_1、S_2、S_3 和 S_4 四个反射镜反射后，成像于焦平面探测器。所有反射面的有效工作区域均有中心遮拦的回转对称环带，其中 S_1 和 S_3、S_2 和 S_4 分别共用一个镜体。反射镜材料为铝合金，采用单点金刚石车削加工工艺，可确保其相对位置关系。同时由于具有中心遮拦，可见光和红外成像系统能够实现物理同轴嵌套而互不干扰，并且利用超精密车削加工，可保证两个系统的共轴配合精度，降低装调难度。图 3.20 分别是可见光系统和红外系统的共体反射镜的超精密车削加工照片及实物。

通过对成像系统进行公差分析可知，各反射面之间的相对位置公差要求较严，间距及偏心应控制在数微米，倾斜控制在数十角秒 [11]。因此有必要在测量面形的同时，评估各面之间的位置误差。以可见光成像系统为例，设计了 CGH 补偿检验系统进行共体的两个反射面的形位误差同步测量，如图 3.21 所示。其中 S_1 和 S_3 两个凹非球面共用同一个镜体，用 CGH 上两个不同环带区域 (Φ14~20mm 和 Φ7.2~13.8mm) 的主全息分别进行像差补偿，可以同时测得两个面的面形误差和相互位置误差 (反映在波前误差中对应离焦和彗差等)；主全息以内 Φ7mm 中心区域

同步制作对准全息, 用于 CGH 与干涉仪的对准。S_2 和 S_4 两个凸非球面共用另一个镜体, 同理使用 CGH 上两个不同区域 (Φ17.6~24.8mm 和中心 Φ17.5mm) 的主全息实现面形误差和相互位置误差的同时检测; 主全息以外的外环区域 (Φ25~32mm) 同步制作对准全息, 用于 CGH 与干涉仪的对准。

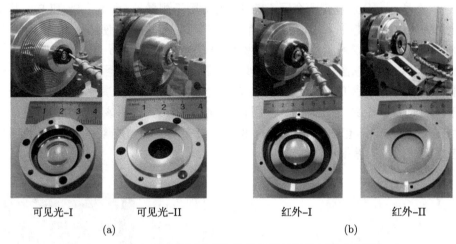

可见光-I　　　　　可见光-II　　　　　红外-I　　　　　红外-II

(a)　　　　　　　　　　　　　　　　　(b)

图 3.20　可见光系统和红外系统的共体反射镜的超精密车削加工

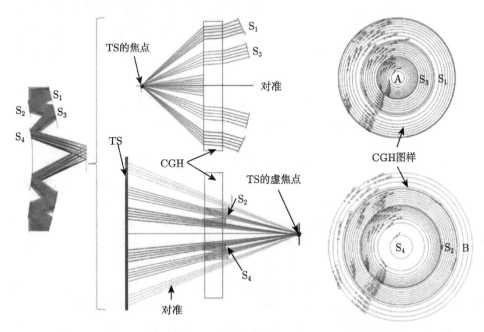

图 3.21　折叠相机共体反射镜的 CGH 补偿检验原理

设计这种同时测量多个反射镜面形的 CGH 时要注意, 不同面形的主全息设计过程不是相互独立的, 必须保持干涉仪 (点光源)、CGH 及不同被测面之间的相互位置关系是一致的, 并且不同功能区的全息图样不能有重叠。因为被测面是有中心遮拦的回转对称环带, 采用离焦载频隔离衍射级次的鬼像干扰。CGH 实物照片如图 3.22(a) 所示, 分别包含两个同心圆环区域, 用于测量 S_1 和 S_3、S_2 和 S_4。其中主全息为相位型, 使用 +1 级衍射; 辅助对准全息为振幅型, 使用 +3 级衍射。其中 S_1 和 S_3 的检测现场照片光路如图 3.22(b) 所示, 使用 Zygo 公司 GPI XP/D 干涉仪及 $f/1.5$ 标准球面镜头, 获得干涉图见图 3.22(c), 由外至内分别对应 S_1、S_3 反射镜的主全息补偿干涉条纹和 CGH 对准全息的干涉条纹。其中 S_1 和对准全息的干涉图均为零条纹, 而 S_3 的干涉图有同心圆环条纹, 说明该反射面相对设计位置存在少量离焦, 即有轴向位置偏差; 但另外没有明显的轴外像差 (彗差), 说明反射镜之间的倾斜误差很小。

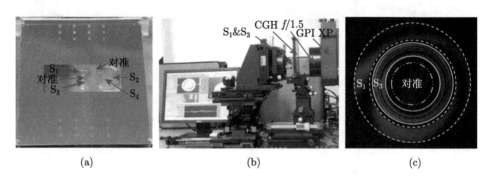

(a)　　　　　　　　　　　(b)　　　　　　　　　　　(c)

图 3.22　共体高次非球面的 CGH 补偿检验照片

(a) CGH 实物; (b) 检测现场; (c) 干涉图

最后得到各个反射镜面形检测结果如图 3.23 所示, 反射面 S_1 的 PV 值为 0.359λ, RMS 值为 0.052λ; S_2 的 PV 值为 0.541λ, RMS 值为 0.093λ; S_3 的 PV 值为 0.500λ, RMS 值为 0.090λ; S_4 的 PV 值为 0.287λ, RMS 值为 0.040λ。

完成各反射镜的面形检测后, 可对系统波像差进行综合评估, 同时利用自准直干涉测量方法实测系统的波前误差, 从而估计两个反射镜镜体的装调误差, 反过来指导其优化装配过程。装配后的可见光与红外共轴相机实物照片如图 3.24(a) 所示, 获取的可见光和长波红外图像分别如图 3.24(b) 和 (c) 所示。由于拍摄背景为暗黑的走廊, 可见光图像中不能识别蹲着的人物目标; 长波红外图像可以识别该目标, 但因分辨率低而缺乏细节信息。通过简单的图像融合处理, 就可以将两个波段的目标成像特性进行优势互补, 得到图 3.24(d) 所示融合图像。

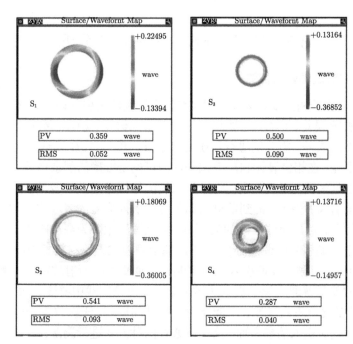

图 3.23 共体高次非球面的 CGH 补偿检验结果 (含面形及位置误差) (扫描封底二维码可看彩图)

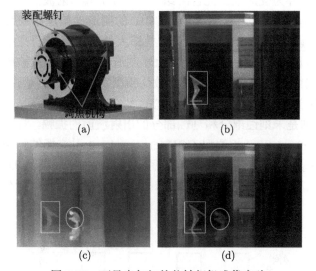

图 3.24 可见光与红外共轴相机成像实验

(a) 相机实物照片; (b) 可见光图像; (c) 长波红外图像; (d) 融合图像

3.5 CGH 补偿检验的误差分析

3.5.1 CGH 制造误差的检测

CGH 补偿检验的主要误差源包括 CGH 设计及编码引入误差、CGH 制造误差引起的衍射波前误差、CGH 与被测面的失调引入像差、CGH 基板误差 (平行差) 以及干涉仪系统误差,需分别进行不确定度估计。其中 CGH 设计及编码引入误差属于原理性误差,在相位设计和离散编码后即可确定准确的剩余像差。失调引入像差的计算基础是失调灵敏度矩阵,与光学系统的计算机辅助装调类似,通过追迹仿真不同失调量引入的像差,得到单位失调量对应引入像差的多项式系数大小,构成失调灵敏度矩阵;然后检测实际的失调量,以灵敏度矩阵为观测矩阵,计算得到实测波前像差中失调引入的像差分量。CGH 基板误差主要是材料折射率不均匀性和厚度差 (平行差) 对测试波前引入相位调制,可通过 0 级衍射波前进行测量,此时干涉仪测得的就是普通光学平板的透过波前。在测量实践中要注意 0 级和 1 级光束经过 CGH 的光程存在差别,可能会引入额外的误差。干涉仪系统误差主要是平面或标准球面镜头引入的参考面误差,可通过两种方式进行溯源:一种方式是由国家计量院校准参考面,不确定度为纳米级;另一种方式是应用三平面互检等绝对测试方法,通过多次测量后进行误差分离得到真实的面形。

CGH 全息图样为变周期二元台阶结构,要评价其衍射波前误差,首先必须对其衍射结构的制造误差进行检测溯源。CGH 的制造误差包括刻线畸变、占空比误差、刻蚀深度误差、振幅误差等。亚利桑那大学的 Burge 研究小组根据二元线性光栅的衍射理论,较为系统地分析了上述制造误差对补偿检验的影响,并给出了制造误差影响衍射波前的灵敏度和参数化模型。如图 3.25 所示,将 CGH 误差模型简化为线性光栅,周期为 S,刻槽宽度为 b,占空比 $D = b/S$,刻槽深度为 t。A_0 和 A_1 分别是未刻蚀部分和刻蚀部分的出射波前的振幅,对于镀铬的振幅型透射 CGH,$A_0=0$,$A_1=1$;相位型 CGH 的 $A_0=A_1=1$ 且光栅结构引入相位差 $\phi = 2\pi t(n-1)/\lambda$,$\lambda$ 为衍射波长。表 3.1 列出了模型参数占空比误差 D、相位 (对应刻蚀深度) 误差 ϕ、振幅 A_1 及振幅比 A_0/A_1 引起的波前相位和衍射效率变化的灵敏度公式 [12,13]。

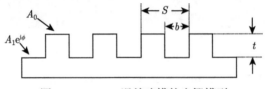

图 3.25 CGH 误差建模的光栅模型

表 3.1 CGH 制造误差的灵敏度

	零级 $(m=0)$	非零级 $(m=\pm1,\pm2,\cdots)$
	(衍射波前)	
η (衍射效率)	$A_0^2(1-D)^2 + A_1^2 D^2$ $+2A_0 A_1 D(1-D)\cos\phi$	$(A_0^2 + A_1^2 - 2A_0 A_1 \cos\phi)$ $\cdot D^2 \sin c^2(mD)$
$\tan\Psi$ (Ψ 波前相位)	$\dfrac{A_1 D \sin\phi}{A_0(1-D) + A_1 D\cos\phi}$	$\dfrac{A_1 \sin\phi \cdot \sin c(mD)}{(-A_0 + A_1 \cos\phi) \cdot \sin c(mD)}$
	灵敏度函数	
$\partial\eta/\partial D$	$-2A_0^2(1-D) + 2A_1^2 D$ $+2A_0 A_1(1-2D)\cos\phi$	$2(A_0^2 + A_1^2 - 2A_0 A_1 \cos\phi)$ $\cdot D\mathrm{sinc}(2mD)$
$\partial\eta/\partial\phi$	$-2A_0 A_1 D(1-D)\sin\phi$	$2A_0 A_1 \sin\phi D^2 \mathrm{sinc}^2(mD)$
$\partial\eta/\partial A_1$	$2A_1 D^2 + 2A_0 D(1-D)\cos\phi$	$(2A_1 - 2A_0\cos\phi)D^2\mathrm{sinc}^2(mD)$
$\partial\Psi/\partial D$	$\dfrac{A_0 A_1 \sin\phi}{A_1^2 D^2 + A_0^2(1-D)^2 + 2A_0 A_1 D(1-D)\cos\phi}$	$\begin{cases} \infty, & \text{当}\mathrm{sinc}(mD)=0\text{时} \\ 0, & \text{其他} \end{cases}$
$\partial\Psi/\partial\phi$	$\dfrac{A_1^2 D^2 + A_0 A_1 D(1-D)\cos\phi}{A_1^2 D^2 + A_0^2(1-D)^2 + 2A_0 A_1 D(1-D)\cos\phi}$	$\dfrac{A_1^2 - A_0 A_1 \cos\phi}{A_1^2 + A_0^2 - 2A_0 A_1 \cos\phi}$
$\partial\Psi/\partial A_1$	$\dfrac{A_0 D(1-D)\sin\phi}{A_0^2(1-D)^2 + A_1^2 D^2 + 2A_0 A_1 D(1-D)\cos\phi}$	$\dfrac{-A_0 \sin\phi}{A_1^2 + A_0^2 - 2A_0 A_1 \cos\phi}$
$\dfrac{\partial\Psi}{\partial(A_0/A_1)}$	$\dfrac{-D(1-D)\sin\phi}{(A_0/A_1)^2(1-D)^2 + D^2 + 2D(1-D)(A_0/A_1)\cos\phi}$	$\dfrac{\sin\phi}{(A_0/A_1)^2 + 1 - 2(A_0/A_1)\cos\phi}$

表 3.1 中没有考虑刻线畸变即衍射图形实际刻写位置与名义位置的偏差,它也是波前误差的一个重要贡献,特别对于刻线周期较小的 CGH,例如,周期 $10\mu m$,刻线畸变 $0.1\mu m$ 将引起 $\lambda/100(6\mathrm{nm})$ 的 1 级衍射波前畸变。由刻线畸变 δ 引入的 m 级衍射波前误差 $\Delta\Psi$ 取决于波前梯度,可用局部刻线周期 S 近似表达为

$$\Delta\Psi = -m\lambda\delta/S \tag{3-9}$$

占空比误差和台阶侧壁陡直度一般影响衍射效率,对波前误差的影响可以忽略。CGH 制造误差影响衍射波前的典型水平总结如表 3.2 所示。

表 3.2 CGH 制造误差影响衍射波前的典型水平总结

误差名称	当前水平	对 1 级波前影响	对 0 级或 1 级影响是否一致
刻线畸变	PV $0.1\mu m$	$\sim 6\mathrm{nm}$	否
占空比误差	0.1%	0	否
刻蚀深度不均匀性	$\leqslant 1\%$	$\sim 3\mathrm{nm}$	是
刻槽振幅误差	0.1%	$\sim 0.1\mathrm{nm}$	否

　　分析 CGH 制造误差引入的补偿检验误差,首先确定上述各项误差分量,例如,根据当前微电子制造工艺水平给出的经验性的估计值,通过灵敏度公式计算其引入的波前误差分量,然后按照等精度原则估计最终由 CGH 产生衍射波前的不确定度。这种方法只是反映了最终误差的大致水平,并没有针对特定 CGH 的衍射结构进行严格的不确定度溯源。与周期为常数的光栅不同,CGH 不同位置的刻线周期是不同的,衍射结构的制造误差也可能有明显变化,因此需要对整个口径上衍射结构进行检测。衍射结构通常是周期数微米至数十微米、深度亚微米的二元台阶,要用扫描探针显微镜或扫描白光干涉仪来测量结构参数,但视场只有数十微米至 1mm 级,并且扫描过程耗时较长,显然不适合用来对整个 CGH 口径进行全面测量。尽管目前通过计量型扫描探针显微镜可将微纳结构的形貌测量溯源到长度国际单位制,但是在 CGH 这样百毫米范围的宏观尺度上实现纳米精度的计量溯源仍然是个难题。在欧洲国家计量研究院协会 (EURAMET) 面向微纳技术的几何量计量路线图中,数百毫米范围上可溯源的 (亚) 纳米精度计量计划在 2020~2025 年达成目标 [14]。

　　利用微观形貌测量设备进行衍射结构检测的主要问题是每次测量范围太小且耗时较长,难以实现大面积上密集采样。为此,2013 年亚利桑那大学 Burge 研究小组提出一种衍射元件自动检测的新方法,利用 CCD 相机配合高精度运动平台记录 CGH 上不同采样位置的衍射光强分布,通过衍射计算可以得到 CGH 的刻线周期、占空比和刻蚀深度信息,该实验检测装置如图 3.26 所示 [15-17]。由于只需要在每个采样位置拍照采集光强图像,该方法具有高效率的优点,但目前还很难溯源。一方面光强图像采集易受背景噪声干扰;另一方面,通过衍射光强反算衍射结构误差的数学基础是线性光栅的标量衍射理论,用于 CGH 不规则曲线光栅结构且光栅周期与波长接近的情形时,存在模型偏差引入的原理性误差 [18]。

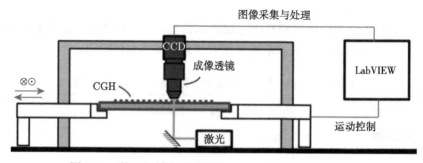

图 3.26　基于衍射光强测量的 CGH 制造误差检测装置

　　一般来说,微电子制作工艺引入的误差主要与刻线周期有关,刻线越密的地方误差可能越大。从上述衍射光强的测量结果看 [16,17],CGH 制造误差大小也与刻线周期大小存在相关性，因此有可能根据刻线周期分布对 CGH 衍射结构进行抽样检测，建立制造误差与刻线周期的参数化模型，从而避免对 CGH 全表面采样测量。如图 3.27(a) 所示，将高精度平面运动平台集成到扫描白光干涉仪上，按照图 3.27(b) 所示进行等间隔的网格化自动采样。在每个采样区域测得图 3.27(c) 所示微观形貌，图 3.27(d) 是其轮廓形状。从轮廓中可提取出刻蚀结构参数，与名义值比较得到刻线畸变、刻蚀深度误差和占空比误差等指标；进而分析和拟合出上述制造误差与名义刻线周期的函数关系，通过该函数可估计 CGH 全口径上任意位置的制造误差 [19]。

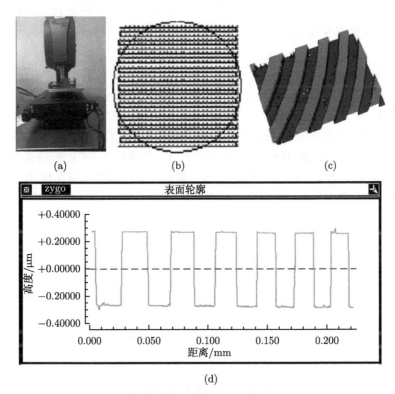

(a)   (b)   (c)

(d)

图 3.27   CGH 衍射结构误差的抽样检测

(a) 测量平台；(b) 网格化自动采样；(c) 测得衍射微观形貌；(d) 轮廓形状

　　按上述方法测得 CGH 衍射结构的制造误差是分布于整个 CGH 口径上的离散点集，不同刻线位置的制造误差可能不同。可采用网格相位表面类型对 CGH 相位函数曲面进行建模，然后在不同离散点处加上测量所得制造误差的影响，代入 Zemax 光学设计模型，通过光学追迹即可获得 CGH 制造误差对补偿检验系统波像差的贡献。

3.5.2　CGH 补偿检验误差的对比验证

任何测量值只有在给出的测量不确定度范围内溯源到计量单位上才可靠，这种溯源过程是要通过不间断的校准链将测量结果与一个标准参考物联系起来的。国际计量委员会用真空中的光速和时间频率标准来定义长度单位。目前作为标准参考物的干涉仪平面或球面镜头在很多国家计量院都能够实现纳米精度校准，因而通过量值传递可将其生成的平面或球面测试波前溯源到长度单位。然而在复杂面形的补偿检验系统中，作为标准的 CGH 补偿器直接决定了测量精度，但如何准确评价其生成测试波前的不确定度，使计量结果溯源到国际单位制，不确定度达到纳米级，是当前光学表面计量测试的难题 [20]。3.5.1 节介绍了两种可能的检测 CGH 制造误差并评价其衍射波前误差的方法，但在准确溯源和提高效率等方面还有许多问题要进一步研究。

考虑到 CGH 制作工艺特点，在不严格进行误差溯源的情况下，也可以采取对比试验的方法，评估 CGH 制造误差的影响。最常用的是在 CGH 上同步制作对比全息的方法，对比全息用于测量某个标准球面反射镜。因为标准球面镜的面形误差可通过具有相关资质的计量机构进行检定，或采用绝对测试方法获得其面形误差参考真值，与 CGH 测量该球面的结果进行对比，能够反映 CGH 制造误差的影响。图 3.28 所示为对比全息用于检测标准球面镜的光路，对比全息图样约为 Φ10mm 圆形区域，焦距约为 25mm，施加了倾斜载频，以分离干扰级次的影响。

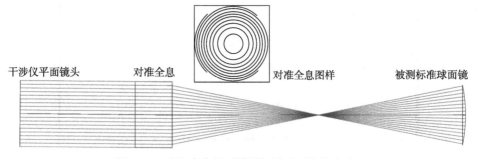

图 3.28　对比全息用于检测标准球面镜的光路

图 3.29(a) 所示为标准球面镜的 CGH 检验照片，用 Zygo GPI XP/D 和平面标准镜头进行测量，TF 精度 λ/20 PV。对比全息位于 CGH 主全息区域以外 (图中 CGH 的顶部)，被测镜是数值孔径等于 0.4 的标准球面反射镜，精度 λ/10 PV。测量结果如图 3.29(b) 所示，由于对比全息测试光束对应 TF 上只有 Φ10mm 区域，对应被测球面镜上的有效区域也只有实际口径的一半左右，可认为对比全息的制造误差影响在 λ/20 PV 量级。

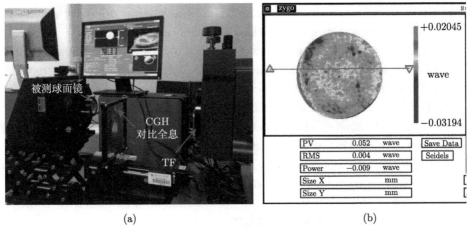

图 3.29   对比全息的对比实验 (扫描封底二维码可看彩图)

(a) 检验照片；(b) 测量结果

参 考 文 献

[1]   Deng J, Peng X, Hu H, et al. Study on combined polishing process of aspherical aluminum mirrors [C]. Proc. of SPIE, 2017, 10460: 104600A-1∼10.

[2]   Li X, Peng X, Hu H, et al. Study on the fabrication of a high precision aluminum alloy cylindrical mirror with combined process [C]. Proc. of SPIE, 2019, 10837: 1083712-1∼6.

[3]   Yin Z, Zhang Y. Direct polishing of aluminum mirrors with higher quality and accuracy[J]. Appl. Opt., 2015, 54(26): 7835-7841.

[4]   Ghai V, Ranjan P, Batish A, et al. Atomic-level finishing of aluminum alloy by chemomechanical magneto-rheological finishing (CMMRF) for optical applications [J]. Journal of Manufacturing Processes, 2018, 32: 635-643.

[5]   Beier M, Hartung J, Peschel T, et al. Development, fabrication, and testing of an anamorphic imaging snap-together freeform telescope [J]. Appl. Opt., 2015, 54(12): 3530-3542.

[6]   Zhang X, Hu H, Xue D, et al. Testing and alignment of freeform based multi-mirror telescopes [C]. Proc. of SPIE, 2015, 9578: 95780B-1∼9.

[7]   Tremblay E J, Stack R A, Morrison R L, et al. Ultrathin cameras using annular folded optics [J]. Appl. Opt., 2007, 46(4): 463-471.

[8]   Tremblay E J, Stack R A, Morrison R L, et al. Ultrathin four-reflection imager [J]. Appl. Opt., 2009, 48(2): 343-354.

[9]   Morrison R, Stack R, Euliss G, et al. An alternative approach to infrared optics [C]. Proc. of SPIE, 2010, 7660: 76601Y-1∼11.

[10] Tremblay E J. Concentric multi-reflection lenses for ultra-compact imaging systems [D]. Ph. D. Dissertation, University of California, 2008.

[11] Xiong Y, Dai Y, Tie G, et al. Engineering a coaxial visible/infrared imaging system based on monolithic multisurface optics [J]. Appl. Opt., 2018, 57(34): 10036-10043.

[12] Zhou P. Error analysis and data reduction for interferometric surface measurements [D]. Ph. D. Dissertation, University of Arizona, 2009.

[13] Cai W, Zhou P, Zhao C, et al. Analysis of wavefront errors introduced by encoding computer-generated holograms [J]. Appl. Opt., 2013, 52(34): 8324-8331.

[14] Science and technology roadmaps for metrology [R]. Foresight Reference Document of the Technical Committees of EURAMET e.V. Draft Update, 2012.

[15] Cai W, Zhou P, Zhao C, et al. Diffractive optics calibrator: design and construction [J]. Optical Engineering, 2013, 52(12): 124101.

[16] Cai W, Zhou P, Zhao C, et al. Diffractive optics calibrator: measurement of etching variations for binary computer-generated holograms [J]. Appl. Opt., 2014, 53(11): 2477-2486.

[17] Cai W. Wavefront analysis and calibration for computer generated holograms [D]. Ph. D. Dissertation, University of Arizona, 2013.

[18] Peterhänsel S, Pruss C, Osten W. Phase errors in high line density CGH used for aspheric testing: beyond scalar approximation [J]. Opt. Express, 2013, 21(10): 11638-11651.

[19] Hao L, Chen S, Xue S. Characterization of the contribution of CGH fabrication error to measurement uncertainty in null test[C]. Proc. of SPIE, 2017, 10460: 1046010-1~9.

[20] 戴一帆, 陈善勇. 10000 个科学难题——制造科学卷 [M]. 北京: 科学出版社, 2018, 10: 317-321.

第4章 大口径柱面反射镜的 CGH 补偿拼接测量

4.1 光学柱面反射镜应用背景

柱面是一个方向的曲率半径为有限值,另一个方向的曲率半径为无穷大的曲面,可看作是由直母线沿着垂直于母线的平面内曲线运动而生成。由于柱面的双曲率性质,柱面光学元件常用于校正像散或线聚焦/成像,例如,抛物柱面可将平行光束聚焦到其焦线上 (截面抛物线的焦点沿母线方向的连线),如图 4.1(a) 所示。高精度的光学柱面反射镜常用于如图 4.1(b) 所示高能激光武器、图 4.1(c) 所示同步辐射系统以及 X 射线望远镜系统中,在新概念武器装备、核科学与新能源研究、天体物理学等国防和民用领域都将发挥重要作用。

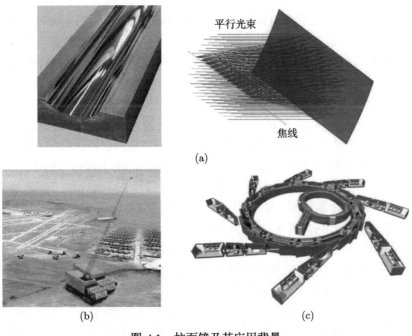

平行光束

焦线

(a)

(b)   (c)

图 4.1 柱面镜及其应用背景

(a) 柱面镜及其线聚焦; (b) 高能激光武器; (c) 同步辐射系统

柱面反射镜在高功率激光器中用作腔镜 [1],是决定激光谐振腔性能的一个关键元件。常见于在厚度和宽度方向有非对称特性的板条激光器,使用非轴对称腔可兼顾高提取效率和高光束质量的技术要求，典型配置为球面–柱面镜腔和交叉柱面镜腔，如图 4.2 所示。激光系统中也常用柱面镜实现光束整形。高能激光系统中的柱面镜口径达到 300mm，精度要求优于 $\lambda/4$ PV(波长 λ=632.8nm)，材料常用单晶硅，因为单晶硅的综合热性能比值和可加工性较优。

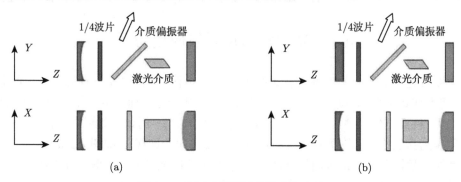

图 4.2   柱面反射镜用作激光器腔镜

(a) 球面–柱面镜腔; (b) 交叉柱面镜腔

在同步加速器上接近光速运动的电子或正电子在改变运动方向时放出电磁波的现象称为同步辐射。同步辐射以其光谱连续、高强度、高准直性和偏振性等优点而成为科学研究的新光源。在同步辐射系统中，准直镜一般采用抛物柱面，聚焦镜则用超环面或椭球面。反射镜工作在掠入射状态，常用单晶硅材料，如图 4.3 所示。反射镜的面形精度要求达到纳米级，例如，Carl Zeiss 给出的同步辐射系统中柱面反射镜，在 430mm×15mm 区域内的子午斜率允差为 0.63μrad RMS，弧矢斜率允差 2μrad RMS；面形误差 5nm RMS，并且还有严格的中高频误差要求 [2]。作为第四代光源的代表，X 射线自由电子激光 (X-ray Free Electronic Laser，XFEL) 利用高品质相对论电子束在周期性磁场作用下通过相干辐射产生，是一种全新的强相干脉冲激光。XFEL 的超高峰值功率和相干性特点对光学元件提出了更高的制造要求。例如，据报道 2019 年欧洲 X 射线自由电子激光器 (European XFEL GmbH)，其硬 X 射线聚焦系统中两个椭圆柱面反射镜的口径 950mm×25mm，面形要求 1nm PV，粗糙度 0.2nm RMS[3]。长程轮廓仪 (Long Trace Profiler, LTP) 是同步辐射领域直接测量长非球面镜达亚微弧精度的主要仪器，基于激光束干涉仪或五棱镜扫描测量斜率的原理制成，但是 LTP 的缺点是只能测得线轮廓的误差分布。

由于单晶硅材料的硬度较低，不适宜采用接触式轮廓测量方法。为了获得纳米精度的三维面形误差分布，干涉测量成为最有可能的手段。因为干涉仪的标准具只有平面和球面，测量光学柱面需要设计专门的补偿器，并且不能用回转对称的传统透镜式补偿器，常用 CGH 实现。但是受线宽限制，CGH 可能难以补偿整个柱面口径内的像差；并且由于在母线方向是平行光入射柱面，CGH 的尺寸与柱面母线方向的尺寸相等，如图 4.4 所示 [4]，为此不得不增大 CGH 口径，从而面临精度不高的问题，目前还没有成熟技术可制作 300mm 以上口径的高精度 CGH。

图 4.3 掠入射柱面反射镜用于同步辐射系统

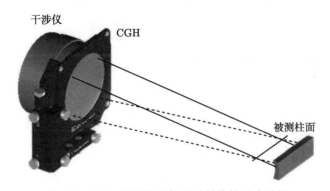

图 4.4 CGH 补偿检验柱面反射镜的尺寸受限

综上所述，光学柱面反射镜是激光武器、同步辐射系统等国防和科学研究重大高端装备中的一个关键元件，以截线轮廓测量方法为代表的光学柱面反射镜测量方法，难以满足光学超精密加工和高端光学系统应用对获取三维面形误差分布的需求；传统补偿检验方法又无法解决柱面双曲率特性带来的口径受限、补偿能力不足等问题。本章将围绕大口径柱面反射镜面形误差的超精密测量需求，探讨柱面像差 CGH 补偿的子孔径拼接干涉测量与评价技术。

4.2 柱面子孔径的几何像差理论

4.2.1 柱面子孔径的几何像差构成

与常见的回转对称的光学元件不同，圆柱面仅在一个方向上有光焦度，即在一个方向上有曲率，另一个方向上 (沿母线方向) 曲率为零，所以柱面的像差构成与非球面截然不同。

以曲率半径为 r 的理想圆柱面为对象展开研究，其横截面和坐标系如图 4.5 所

示, 其中 C 是圆柱面横截面的圆心, $OC=r$, 其横截面的方程为

$$y^2 + (z-r)^2 = r^2 \qquad (4\text{-}1)$$

解方程 (4-1) 得到 z 关于 y 的表达式:

$$z = r \pm \sqrt{r^2 - y^2} \qquad (4\text{-}2)$$

取 $z \geqslant 0$ 的部分, 并将 z 运用麦克劳林级数展开得到:

$$z = \frac{y^2}{2r} + \frac{y^4}{8r^3} + \frac{y^6}{16r^5} + \cdots \qquad (4\text{-}3)$$

若使用平面波检测圆柱面镜, 则圆柱面的像差可以表示为

$$w = z - 0 = \frac{y^2}{2r} + \frac{y^4}{8r^3} + \frac{y^6}{16r^5} + \cdots \qquad (4\text{-}4)$$

忽略高阶项, 则圆柱面的初级像差数学模型如下式

$$w_{3\mathrm{rd}} = \frac{y^2}{2r} \qquad (4\text{-}5)$$

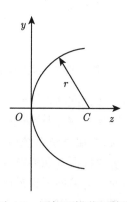

图 4.5　圆柱面横截面简图

将该三级像差项与 Seidel 像差联系起来, 并且采用 Zernike 多项式进行描述。Zernike 多项式 [5] 的低阶项定义如表 4.1 所示, 可见 Z_3 项 (离焦) 和 Z_4 项 (0° 方向像散和离焦) 在笛卡儿坐标系下的形式分别为

$$Z_3 = -1 + 2(x^2 + y^2), \quad Z_4 = x^2 - y^2 \qquad (4\text{-}6)$$

所以圆柱面初级像差数学表达式也可以用 Zernike 多项式的 Z_3 项、Z_4 项和常数项的线性组合来表示:

$$w_{3\mathrm{rd}} = P + P_3 Z_3 + P_4 Z_4 \qquad (4\text{-}7)$$

将式 (4-5) ∼ 式 (4-7) 联立求解, 得 $P=1/8r$, $P_3=1/8r$, $P_4=-1/4r$。

表 4.1　Zernike 多项式低阶项形式及对应的初级像差

项次	笛卡儿坐标系形式	极坐标系形式	几何意义
Z_0	1	1	常数项
Z_1	x	$\rho\cos(\theta)$	X 倾斜项
Z_2	y	$\rho\sin(\theta)$	Y 倾斜项
Z_3	$-1+2(x^2+y^2)$	$-1+2\rho^2$	离焦&常数项
Z_4	x^2-y^2	$\rho^2\cos(2\theta)$	0° 像散&离焦项
Z_5	$2xy$	$\rho^2\sin(2\theta)$	45° 像散&离焦项

由上述分析可以得出以下结论: 用平面波检测圆柱面时, 圆柱面的像差主要由离焦 (回转对称的抛物面分量) 和像散 (马鞍形) 占主导地位。

为了验证上述像差模型的正确性, 使用 Zygo Verifire Asphere™ 干涉仪加平面镜头直接测量凸圆柱面, 检测装置和检测结果分别如图 4.6 和图 4.7 所示。直接用平面波检测圆柱面时干涉条纹为柱面母线方向的密集直条纹, 超出干涉仪的解析能力; 当去掉离焦分量后, 主要剩下像散, 干涉条纹仍然较密; 继续去掉像散后的条纹变得很稀疏, 剩余像差很小。

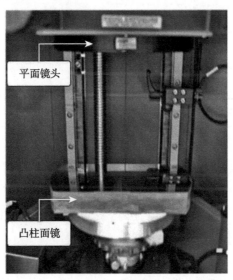

图 4.6　Zygo Verifire Asphere™ 干涉仪加平面镜头直接测量凸圆柱面

因为柱面子孔径通常都是矩形而非圆形口径, 而 Zernike 多项式只在归一化的单位圆上是正交的, 对于矩形子孔径需要进行 Gram-Schmidt 正交化处理。在柱面测量实践中, 考虑多项式的正交性, 柱面子孔径的像差更常用 Legendre 多项式 [6] 来表示。式 (4-7) 也说明柱面的初级像差只包含 Y 离焦项, 对应 Legendre 多项式

中的 L_5。表 4.2 是二维 Legendre 多项式低阶项形式及对应的初级像差。

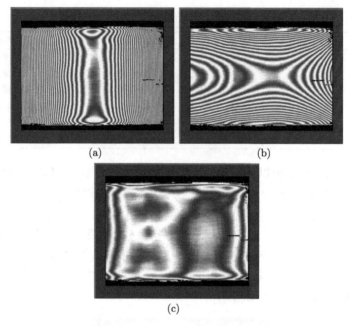

(a)　　　　　　　　　　　　(b)

(c)

图 4.7　柱面的像差构成

(a) 包含离焦和像散; (b) 去离焦后; (c) 去离焦和像散后

表 4.2　二维 Legendre 多项式低阶项形式及对应的初级像差

项次	笛卡儿坐标系形式	几何意义
L_0	1	常数项
L_1	x	X 倾斜
L_2	y	Y 倾斜
L_3	$(3x^2 - 1)/2$	X 离焦&常数项
L_4	xy	45° 像散
L_5	$(3y^2 - 1)/2$	Y 离焦&常数项
L_6	$(5x^3 - 3x)/2$	X 初级彗差&倾斜
L_7	$(3x^2 - 1)y/2$	
L_8	$(3y^2 - 1)x/2$	
L_9	$(5y^3 - 3y)/2$	Y 初级彗差&倾斜
L_{10}	$(35x^4 - 30x^2 + 3)/8$	X 初级球差
L_{11}	$(5x^3y - 3xy)/2$	
L_{12}	$(3x^2 - 1)(3y^2 - 1)/4$	
L_{13}	$(5y^3x - 3xy)/2$	
L_{14}	$(35y^4 - 30y^2 + 3)/8$	Y 初级球差

4.2.2 柱面子孔径的失调像差

干涉测量中被测元件相对于设计光路的理想位置发生改变时,导致即使被测元件表面面形是理想面形,也不会出现零条纹的现象,即失调像差。失调像差的去除通常有两类方法:一是在测量过程中观察干涉条纹,通过精确的调零和对准消除被测元件的失调量,进而消除失调像差,这需要检测人员对特定测量元件在特定测量光路下每个自由度失调量产生的失调像差的形式有清楚的认识,而且该方法不具有重复性,因为受调整台的调整精度限制和检测人员的主观认识限制,检测人员不可能完全消除被测元件的失调量;二是在检测过程中进行粗调零和对准,依靠后续程序处理消除检测结果中的失调像差,该方法缩短了检测周期,难度在于需要建立被测元件失调量引起失调像差的数学模型,得到失调像差的数学形式,通过最小二乘法拟合等方法将所有形式的失调像差从被测元件的检测结果中分离出来,还要保证被检测元件本身的面形误差不会被错误地分离出来得到错误的面形误差结果。

在测量实践中,失调像差不可避免地存在,且与面形误差耦合在一起,因此需要了解被测面形的失调像差特点,特别是在子孔径拼接优化中,必须准确将失调像差从面形测量结果中分离出来。对于常用的回转对称类元件的失调像差的模型和分离理论已经相对成熟,在 Zygo 公司的 MetroPro 软件中也集成了六种 Zernike 形式的失调像差即常数平移项 (PST)、倾斜项 (TLT)、离焦项 (PWR)、像散项 (AST)、彗差项 (CMA) 和球差项 (SA3),这些失调像差可以在检测过程中去除,方便检测人员实时分析去除失调像差得到分离失调像差之后的检测结果。但是柱面光学元件与回转对称类元件的不同之处在于它只在一个方向存在光焦度,其特殊的对称性质也决定了其产生的失调像差与回转对称类元件的失调像差不同,所以需要对其失调像差进行分析。

4.2.2.1 失调像差理论建模

Liu 等 [7,8] 使用二维 Chebyshev 多项式描述矩形口径柱面的失调量产生的失调像差,并利用 Reardon 等 [9] 提出的失调像差与被测表面形状参数及失调量关系的数学模型,成功地建立了被测表面失调量和失调像差的关系,从而能够通过程序分析去除检测结果中的失调像差,并解算对应的失调量,进而指导实际检测的对准和调零过程。但其算法中失调像差的系数并没有实际的物理意义,而且没有很好地解决高阶项失调像差的问题。彭军政等 [10,11] 利用一阶近似原理建立了低阶项失调像差和被测柱面失调量的数学模型,并且模拟验证了高阶项失调像差和低阶项失调像差的关系,讨论了高阶项失调像差的去除方法,其模型和失调像差去除方法对于测量实践中调整消除柱面失调像差具有很强的指导意义。

　　图 4.8 所示为柱面的 6 个自由度失调示意图，t_x、t_y、t_z 和 θ_x、θ_y、θ_z 分别表示柱面沿 X 轴、Y 轴、Z 轴的平移和绕 X 轴、Y 轴、Z 轴的旋转自由度。对于圆柱面，t_x 不会引入像差，θ_x 可分解为绕圆柱轴线的回转和沿 Y 轴、Z 轴的平移 t_y、t_z 分量，前者不引入像差，只需要考虑 t_y、t_z 和 θ_y、θ_z 4 个自由度。将失调后的柱面坐标代入柱面方程并减去理想圆柱面即为失调像差，再进行级数展开可得到失调像差的表达式，可用前 15 项 Legendre 多项式 $L_0 \sim L_{14}$ 表示，得到失调像差对应的 Legendre 多项式系数列于表 4.3 中，其中 a 和 θ_m 是测试柱面波前的长度和半锥角。

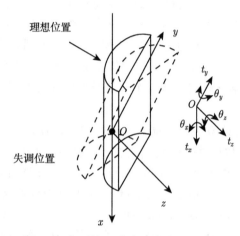

图 4.8　柱面的 6 个自由度失调示意图

表 4.3　柱面失调像差对应的 Legendre 多项式系数

项次	系数
L_0	$a_0 = (1 + 1/6\sin^2\theta_m + 3/40\,\sin^4\theta_m)t_z$
L_1	$a_1 = A\theta_y(1 + 1/6\sin^2\theta_m)$
L_2	$a_2 = t_y(\sin\theta_m + 3/10\sin^3\theta_m)$
L_4	$a_4 = a\theta_z(\sin\theta_m + 3/10\sin^3\theta_m)$
L_5	$a_5 = t_z(1/3\sin^2\theta_m + 3/14\sin^4\theta_m)$
L_8	$a_8 = 1/3 a\theta_y\sin^2\theta_m$
L_9	$a_9 = 1/5 t_y\sin^3\theta_m$
L_{13}	$a_{13} = 1/5 a\theta_z\sin^3\theta_m$
L_{14}	$a_{14} = 3/35 t_z\sin^4\theta_m$

　　可见失调像差包括三阶以上的高次项，且高次项系数与低阶项的系数存在确定的比例关系，而非相互独立，因而失调像差可用式 (4-8) 表示：

$$\Delta\phi = a_0 L_0 + a_1 L_1 + a_2 L_2 + a_4 L_4 + a_5 L_5 + k_1 a_1 L_8 + k_2 a_2 L_9 + k_3 a_4 L_{13} + k_4 a_5 L_{14} \quad (4\text{-}8)$$

4.2.2.2 失调像差的追迹仿真方法

另一种获得失调像差的方法是在光学设计软件 (如 Zemax) 里进行光线追迹，得到面形失调后引入的波像差，并利用 Zernike 多项式或 Legendre 多项式对像差进行拟合，分析失调量与失调像差多项式系数的关系，建立灵敏度矩阵。如图 4.9 所示，建立 CGH 补偿检测柱面镜的 Zemax 模型，坐标系的原点位于被检测柱面的两个对称面和柱面的交点处。在刚体的 6 个自由度运动中，显然，沿柱面的轴线方向平移即沿 X 轴方向的平移失调量 d_x 不会引入失调像差，在 Zemax 软件中仿真其余 5 个自由度的失调量 (绕 X 轴、Y 轴、Z 轴旋转失调量 θ_x、θ_y、θ_z 和沿 Y 轴、Z 轴平移失调量 t_y、t_z) 产生的失调像差，当失调量引发 4 个左右干涉条纹时失调量的大小以及干涉图和相位图如表 4.4 所示。由仿真结果可以看出，在引起失调像差的柱面 5 个自由度的失调量中，θ_x、θ_y 和 t_y 引起的失调像差主要是 X 轴、Y 轴两个方向的倾斜，t_z 主要引起单方向的离焦分量即 Y 离焦，θ_z 主要引起 45° 像散 (也叫 Twist)。这与理论建模推导得出的结论相同，也与本研究提出的直接数值计算方法得到的结果一致。

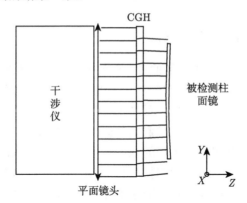

图 4.9 CGH 补偿检测柱面镜的 Zemax 模型

表 4.4 失调量引入 4 个左右干涉条纹时失调量的大小以及干涉图和相位图

干涉图	相位图	失调量
		$\theta_x=0.0008°$
		$\theta_y=0.0005°$

续表

干涉图	相位图	失调量
		$\theta_z=0.015°$
		$t_y=0.015\text{mm}$
		$t_z=1\text{mm}$

4.3　柱面反射镜的 CGH 补偿器设计

4.3.1　圆柱面的 CGH 补偿器设计

柱面 CGH 的作用是利用衍射原理, 将波面干涉仪经标准平面镜头发出的平面波前变换为柱面波前, 柱面波前的 $f/\#$ 定义为焦距与口径之比。如图 4.10 所示, 检测凹柱面时, 透过 CGH 的柱面波前的会聚焦线与被测柱面的轴线重合, 被测柱面与 CGH 位于焦线的两侧; 检测凸柱面时, 被测柱面与 CGH 位于焦线的同侧。只要 $f/\#$ 匹配, 不同曲率半径的柱面可用通过一个 CGH 来检测[12]。因此针对凸柱面和凹柱面两个反射镜样件进行 CGH 设计, 材料都是单晶硅, 凸柱面口径约 100mm×200mm(轴线方向), 曲率半径 $R=962.3\text{mm}$ 抛光后的面形精度要求 PV<λ/3; 凹柱面口径约 180mm×200mm(轴线方向), $R=-2900\text{mm}$, 抛光后的面形精度要求 PV<λ/2($\lambda=632.8\text{nm}$)。图 4.11(a) 和 (b) 分别是两个柱面反射镜的设计图纸 (局部)。

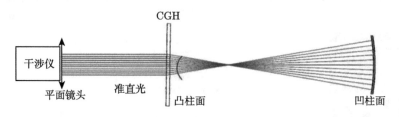

图 4.10　CGH 补偿检测柱面镜的原理图

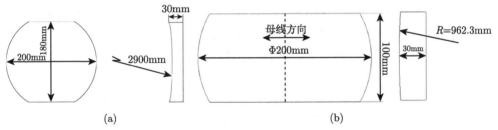

图 4.11 待测柱面反射镜的设计图纸

(a) 凹圆柱面; (b) 凸圆柱面

考虑到当前光掩模制作工艺要求 CGH 基板尺寸不大于 6in(152.4mm), 而 CGH 除了测试图样外, 还需同步制作辅助对准图样, 因此确定 CGH 的测试主全息区域为口径 130mm 左右。沿柱面轴线方向测量范围与 CGH 尺寸相等 (平行光入射), 而测量凸柱面时沿圆弧方向的测量范围小于 CGH 尺寸 (会聚光入射), 因而不能覆盖被测柱面的全口径, 一次测量只能得到被测柱面上的一个子孔径, 需沿着圆柱轴线扫描多个子孔径后拼接得到全口径面形误差。

因为使用 CGH 检测柱面镜时, 凹圆柱面与凸圆柱面都位于 +1 级衍射的柱面波的共焦位置, 不妨以凸圆柱面为对象进行 CGH 设计。

第一步: 在 Zemax 中建立如图 4.12 所示的模型, 其中, 被测凸圆柱面表面类型选择双曲率 (Biconic) 表面, 并设置柱面前介质的折射率为 0, 强制使得入射光线经过柱面后的折射光线从柱面垂直出射, 从而可通过 Through Focus 功能确定高斯像面前后不同离焦位置的弥散斑大小。为便于实际检测时对准和调整, 选择柱面与 CGH 的距离为 200mm。CGH 基板材料为石英, 厚度为 6.4mm, 口径为 130mm, 将 CGH 第二个表面类型选取为 Zernike 标准相位, 其定义为

$$\Phi = M \sum_{i=1}^{N} 2\pi A_i Z_i(\rho, \varphi) \tag{4-9}$$

其中, N 是 Zernike 多项式的项数; A_i 是第 i 项多项式的系数, 单位是波长; ρ 是归一化的极径; φ 是极角; M 是衍射级次。设置 $N=22$, 衍射级次 $M=1$, 取多项式第二项 Z_2 即沿 X 轴倾斜项为载频, 其系数为 7800, 将常数项系数 Z_1 和沿 Y 轴倾斜项 Z_3 都设置为 0, $Z_4 \sim Z_{22}$ 项系数为优化变量。由于施加了 X 轴倾斜载频, 在理想聚焦透镜 Paraxial 前插入 Coordinate Break, 其 Tilt-Y 为优化变量, 与 $Z_4 \sim Z_{22}$ 一起优化。优化目标是光线经 Paraxial 聚焦后的波像差 RMS 最小且像点无偏心即 CEN $X=0$, CEN $Y=0$。优化后的 CGH 相位函数 22 项 Zernike 多项式系数如表 4.5 所示, 优化后的 Tilt-Y 为 8.735427°。所得 CGH 相位等高线如图 4.13 所示 (条纹周期按 3120 倍周期放大显示), 估算刻线周期平均为 130mm/31200≈4.2μm,

满足当前光掩模工艺的最小线宽要求。也可以选用沿 Y 轴倾斜载频 (Z_3 项)，优点是等高线为直线，有利于保证刻蚀工艺的精度指标。

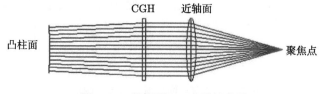

图 4.12   凸柱面 CGH 设计光路

表 4.5   优化后 CGH 相位函数的 Zernike 多项式系数 (单位: $\boldsymbol{\lambda}$=632.8nm)

Zernike 项系数	优化后的系数值
A_1	0
A_2	7800
A_3	0
A_4	-412.763438
A_5	-3.272974×10^{-11}
A_6	583.735551
A_7	2.203156×10^{-11}
A_8	4.295196×10^{-8}
A_9	-8.419489×10^{-12}
A_{10}	3.90284×10^{-8}
A_{11}	0.061791
A_{12}	-0.087464
A_{13}	-4.642319×10^{-11}
A_{14}	0.087437
A_{15}	-1.79054×10^{-11}
A_{16}	2.4271×10^{-8}
A_{17}	-3.03625×10^{-11}
A_{18}	2.241838×10^{-8}
A_{19}	7.937005×10^{-11}
A_{20}	1.710193×10^{-8}
A_{21}	1.320633×10^{-11}
A_{22}	-2.693998×10^{-5}

第二步: 将上述模型改为往返传播，即平行光入射，经过 CGH 衍射后产生柱面波前垂直入射到被测柱面，被其反射后原路返回，再次经过 CGH 衍射后由近轴透镜聚焦。视场角 (Field Angle) 为 $-8.735427°$，近轴透镜前插入 Coordinate Break，Tilt-$Y=-8.735427°$。检验光路的主视图和俯视图分别如图 4.14(a) 和 (b) 所示，正视图中可见沿圆弧方向为会聚光束入射，俯视图中则为轴线方向平行光入射，且因为 CGH 引入了倾斜载频，像点和 TF(即干涉仪) 相对 CGH 需要倾斜 $8.735427°$。

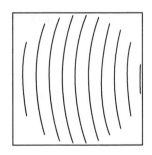

图 4.13　CGH 相位等高线简图 (3120 倍周期放大显示)

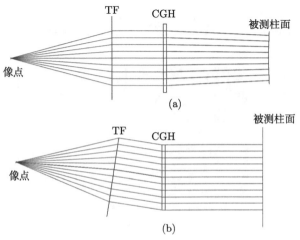

图 4.14　凸柱面 CGH 补偿检验光路

(a) 主视图; (b) 俯视图

图 4.15(a) 为被测面上的测试光线覆盖区域 (footprint)，可见测量范围是轴线方向 130mm、圆弧方向 107mm(被柱面口径截断为 100mm 高) 的椭圆形，需要沿轴线方向扫描测量三个子孔径才能覆盖全口径。图 4.15(b) 是子孔径经过 CGH 补偿后的剩余像差，大小为 PV 0.0012λ 和 RMS 0.0002λ，远小于面形测量精度要求。

第三步: 用 Multi-Configuration 功能检查不同衍射级次组合的鬼像干扰，设置像面针孔直径 3mm，发现除了 +1 级衍射外，其余衍射级次没有鬼像干扰。

第四步: 设计辅助对准图样，使得 CGH 与干涉仪 TF 准确对准 (保证 8.735427°倾斜)。在 Zemax 中设置视场角 $-8.735427°$(与补偿检测光路一致)，CGH 对准图样用 Zernike 标准相位建模，只取 Z_2 项系数进行优化，用 +1 级衍射。优化目标为像点无偏心即 CEN $X=0$, CEN $Y=0$。得到 $Z_2=18000$，对准图样为直线光栅结构，如图 4.16 所示 (条纹周期按 7200 倍放大显示)。估算刻线周期为 150mm/72000≈2μm，因为是振幅型反射图样, 建议用 +3 级衍射, 可将刻线周期放大 3 倍。

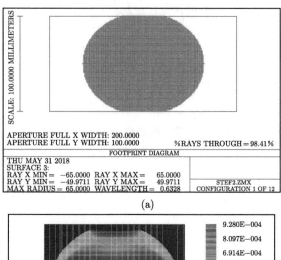

(a)

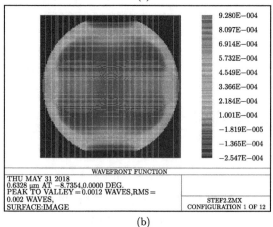

(b)

图 4.15　柱面 CGH 补偿检验的子孔径 (扫描封底二维码可看彩图)

(a) 子孔径测试光线覆盖区域 (footprint); (b) 子孔径经过 CGH 补偿后的剩余像差

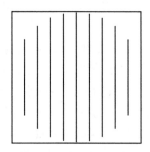

图 4.16　CGH 辅助对准相位等高线简图 (7200 倍周期放大显示)

将各功能区衍射图样合成，其中测试图样为中央 Φ130mm 圆，采用相位型，+1 级衍射，刻蚀深度约为 0.6μm；对准图样为 132~150mm 环带，+3 级衍射，镀铬 (振幅型)；无图样区域镀减，其反膜反射率 <0.1%@632.8nm。

用该 CGH 补偿检测另一个凹柱面反射镜的光路主视图和俯视图分别如图 4.17(a) 和 (b) 所示，CGH 和被测柱面位于焦线的两侧，且柱面轴线与焦线重合。被测面上的 footprint 测量范围是轴线方向 130mm、圆弧方向 322mm 的椭圆形 (其中圆弧方向被柱面镜的有效口径截断后只剩 180mm 范围)，需要沿轴线方向扫描测量三个子孔径才能覆盖全口径。子孔径经过 CGH 补偿后的剩余像差大小为 PV 0.0012λ 和 RMS 0.0002λ，远小于面形测量精度要求。

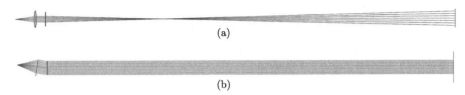

(a)

(b)

图 4.17 凹柱面 CGH 补偿检验光路

(a) 主视图; (b) 俯视图

4.3.2 非圆柱面的 CGH 补偿器设计

非圆柱面的截面曲线不再是圆弧而是二次曲线，因此曲率半径是连续变化的，沿曲线方向不同位置的子孔径像差也是变化的。待测面截面曲线为椭圆，顶点曲率半径 $R=-1750$mm，二次常数 $k=-0.7432$(即偏心率的平方 $e^2=0.7432$)，材料为单晶硅，口径约 240mm×350mm(轴线方向)，图 4.18 是其图纸要求。

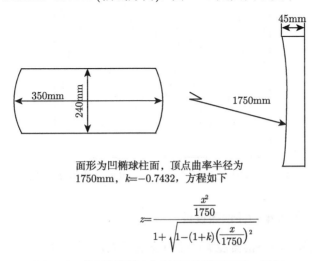

图 4.18 待测椭圆柱面反射镜的图纸要求 (局部)

　　非圆柱面的 CGH 设计过程与圆柱面的 CGH 设计相同, 只是因为非圆柱面的等距面不再是同类型柱面 (截面椭圆的等距线不再是椭圆), 不能用同一个 CGH 测量不同曲率半径系列的非圆柱面, 即每个参数不同的被测非圆柱面, 都需要定制一个 CGH 才能实现零位测试。设计结果如图 4.19(a) 和 (b) 所示, 分别是该凹椭圆柱面测量光路的主视图和俯视图, CGH 倾斜载频为 $Z_2=3600$, 对应 CGH 相对干涉仪的倾斜 (视场角) 为 4.01943°。仍然用 Zernike 多项式的 $Z_4 \sim Z_{22}$ 项表示和优化相位函数, 所得 CGH 相位等高线如图 4.20 所示 (条纹周期按 1453 倍放大显示), 估算刻线周期平均为 130mm/14530≈8.9μm, 满足当前光掩模工艺的最小线宽要求。

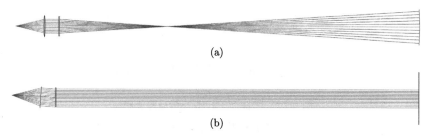

(a)

(b)

图 4.19　凹椭圆柱面 CGH 补偿检验光路

(a) 主视图; (b) 俯视图

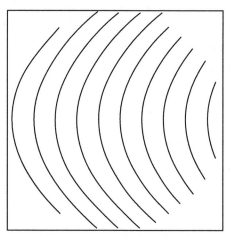

图 4.20　CGH 相位等高线简图 (1453 倍周期放大显示)

4.3.3　非圆柱面的可重构补偿器设计

　　可重构补偿器, 即补偿器能够产生可变的像差, 灵活适应不同形状的面形。可重构补偿器一般通过使补偿器相对干涉仪运动引入可变像差实现。常见的非球面可重构补偿器设计，包括通过改变补偿器到干涉仪球面波会聚点的距离，产生可变球差的可变球差补偿器 [13]；还包括离轴像差补偿器，即改变补偿器与干涉仪标准波前之间的角度，产生彗差或像散的可重构补偿器，如 QED 公司用 Risley 棱镜作为可变离轴像差补偿器 [14]，相向回转一对楔形板从而引入彗差，使两平板相对干涉仪整体倾斜，从而引入像散。但是适应不同非圆柱面的可重构补偿器在文献中鲜见报道。2018 年彭军政等率先研究了偏转柱面补偿器的角度，产生不同的非圆柱面波前形状来补偿非圆柱面的离轴像差，并实现了偏离圆柱面 81μm 的非圆柱面的面形检测。该方法对运动精度要求较高，补偿器对准比较困难，容易引入失调像差而难以从面形测量结果中解耦 [15]。

圆柱面的法线与光轴的交点在同一焦线上，因此将不同曲率半径的圆柱面置于圆柱面 CGH 的共焦线位置，可以实现不同圆柱面的检测。而非圆柱面的截面曲线不再是圆弧，非圆柱面的法线与光轴的交点不在同一焦线上，存在法线像差，法线像差是一维形式的球差。因此，非圆柱面不能采用圆柱面 CGH 直接检测，需要额外的补偿元件补偿一维球差。对于中等以下相对孔径的非圆柱面可以参考使用 Dall 补偿器补偿检测回转对称非球面的原理 [16]。在 Dall 补偿器补偿检测回转对称非球面的设计中，Dall 补偿器为一平凸球面单透镜，点光源通过补偿器后产生的球差与非球面在近轴曲率中心处产生的球差大小相等，符号相反，球差得到平衡，进而实现零位检测。而非圆柱面只在弧矢方向存在一维球差，轴线方向不存在光焦度。因此将 Dall 补偿器设计为同样只在弧矢方向提供一维球差补偿，轴线方向不提供光焦度的圆柱面平凸单透镜，可以平衡非圆柱面在弧矢方向的一维球差，实现采用圆柱面 CGH 和柱面 Dall 补偿器补偿检测非圆柱面，检测原理如图 4.21 所示。

根据三级像差理论不难得到 Dall 补偿器产生的补偿球差公式 (4-10)，并通过与二次回转对称非球面的球差系数公式 (4-11) 和补偿检测原理公式 (4-12) 联立求解，可得到 Dall 补偿检测的初始设计参数。式 (4-10) 中 $S_{\mathrm{I}}^{(\text{补})}$ 表示 Dall 补偿器产生的初级球差，h 代表补偿器的半孔径，φ 是与 Dall 补偿器两表面的曲率有关的函数，P_1 是补偿器材料折射率的函数。式 (4-11) 中 $S_{\mathrm{I}}^{(\text{非})}$ 表示被测非球面的初级球差，k 是被测面的二次常数，R 是被测面的顶点曲率半径，u 是孔径角如图 4.21(a) 所示。

$$S_{\mathrm{I}}^{(\text{补})} = h^4 \varphi^3 P_1 \tag{4-10}$$

$$S_{\mathrm{I}}^{(\text{非})} = 2kRu^4 \tag{4-11}$$

$$-2S_{\mathrm{I}}^{(\text{补})} = S_{\mathrm{I}}^{(\text{非})} \tag{4-12}$$

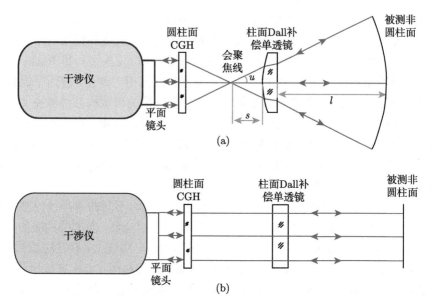

图 4.21   圆柱面 CGH 结合柱面 Dall 补偿器补偿检测非圆柱面光路

(a) 主视图; (b) 俯视图

通过对比非圆柱面与回转对称非球面的补偿检测, 可以将上述设计原理应用
到柱面 Dall 补偿器的设计中, 并在此基础上进一步探索非圆柱面的可重构补偿器
设计。可重构补偿器即采用同一柱面 Dall 补偿器实现对不同参数非圆柱面的检测。
将方程 (4-13) 中的半孔径 h 的表达式代入方程 (4-10), 可得到用孔径角表示的 Dall
补偿器产生初级球差公式 (4-14), 其中 s 表示柱面 CGH 会聚焦线与柱面 Dall 补
偿器的距离, 如图 4.21(a) 所示。

$$h = s \tan u \approx su \tag{4-13}$$

$$S_{\mathrm{I}}^{(\uparrow\uparrow)} = \varphi^3 P_1 s^4 u^4 \tag{4-14}$$

将方程 (4-14) 与方程 (4-11)、方程 (4-12) 联立可得到

$$-\varphi^3 P_1 s^4 = kR \tag{4-15}$$

由式 (4-15) 可得到一种针对凹二次非圆柱面检测的可重构补偿器设计和补偿
原理, 其具有以下两点性质 [17]。

(1) 固定柱面 CGH 会聚焦线与柱面 Dall 补偿器距离 s, 改变被测非圆柱面到柱
面 Dall 补偿器的距离 l, 理论上可以测一组 kR 近似为常数的非圆柱面。Robinson
等 [18] 证明了二次回转对称非球面波前在较短传播距离范围内其等距非球面波。将
其推导过程应用到二次非圆柱面波前的传播过程中, 可以很容易得到相同的结论。

因此, 这一组 kR 近似为常数的被测非圆柱面是等距面, 如图 4.22 所示, 图中绿色实线表示的等距被测非圆柱面代表了改变距离 l, 可以测一组非圆柱面。

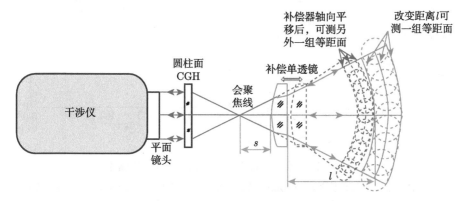

图 4.22　非圆柱面的可重构补偿原理 (扫描封底二维码可看彩图)

(2) 改变柱面 CGH 会聚焦线与柱面 Dall 补偿器距离 s, 可测的非圆柱面等距组的 kR 近似为不同常数。如图 4.22 所示, 其中绿色实线代表的非圆柱面等距组和蓝色虚线代表的非圆柱面等距组分别是柱面 Dall 补偿器位于绿色实线位置和蓝色虚线时可测的非圆柱面。

基于以上可重构补偿器的补偿原理, 初步设计了一款柱面 Dall 补偿器。补偿器参数: 曲率半径为 220mm, 中心厚度为 29mm, 材料为 K9, 口径为 80mm×80mm。在光线追迹软件中仿真 s 在 50~200mm 范围内变化、l 在 0~3500mm 范围内变化时的可测凹二次非圆柱面, 判定可测的约束条件为像面处剩余像差的最大梯度满足奈奎斯特采样定律。仿真结果如图 4.23 所示, 图 4.23(a) 的每条曲线是当 s 固定, l 变化时可测的一组凹二次非圆柱面, 可见每组二次非圆柱面的 kR 值近似为常数。求出固定 s 时 kR 的近似常数值, 并根据补偿器口径和距离 s 计算不同 s 下的最大可测相对口径 A, 就得到了如图 4.23(b) 所示的包含凹二次非圆柱面关键参数 k、R、A 的可测参数范围图。参数值在图中范围的绝大多数非圆柱面都可以被可重构补偿器补偿检测。其中, 轴向可测非圆柱面的长度都等于补偿器的轴向长度, 即 80mm。图中圆点实线是对求出的不同 s 时 kR 的不同常数值用四次多项式拟合的结果, 拟合效果较好, 与式 (4-15) 得到的非圆柱面可重构补偿器设计原理吻合 [19]。

非圆柱面可重构补偿器可测的非圆柱面范围很广, 包括抛物面柱面、椭球面柱面、双曲面柱面。通过光线追迹软件仿真, 可以得到非圆柱面可重构补偿器的典型可测非圆柱面参数, 如表 4.6 所示, 各被测非圆柱面的仿真剩余像差如图 4.24 所示。

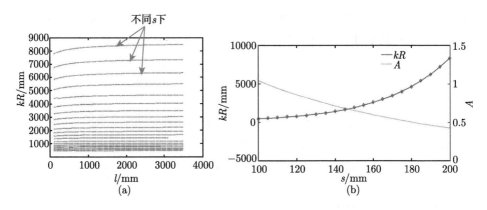

图 4.23　凹二次非圆柱面的可重构补偿器仿真结果

(a) 不同距离 s 下可测非圆柱面 kR 值随 l 变化规律；(b) 可重构补偿器可测非圆柱面参数范围

表 4.6　非圆柱面可重构补偿器的典型可测非圆柱面参数

	#1	#2	#3	#4	#5	#6
弧矢方向尺寸/mm	106.7	1043.4	871.5	627.6	368.2	181.8
k	−4.4	−0.588	−1	−0.2	−0.58	−6.08
R/mm	−320	−3762	−3761	−2029	−1000	−864
与圆柱面的偏离量/λ	51.36	40.46	33.34	11.5	32.76	30.91
剩余像差 PV/λ	8.40	8.41	6.52	7.77	8.27	5.05

在实际检测中，需要根据被测非圆柱面的相对口径选择合适 $f/\#$ 的圆柱面 CGH，可重构补偿器与 CGH 和被测非圆柱面的距离可以通过间隙仪监控，例如，基于相干干涉测量技术的 LENSCAN LS600 间隙仪在 600mm 测量范围内精度能达到 1μm。

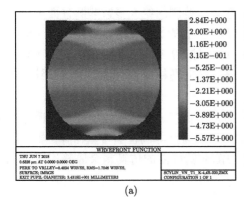

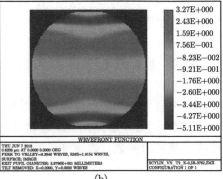

(a)　　　　　　　　　　　　　　　　　(b)

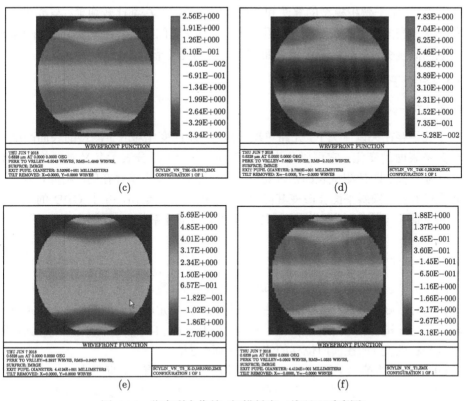

图 4.24　仿真剩余像差 (扫描封底二维码可看彩图)

(a) #1 镜; (b) #2 镜; (c) #3 镜; (d) #4 镜; (e) #5 镜; (f) #6 镜

4.4　柱面子孔径拼接算法

　　受干涉仪和 CGH 口径限制, 单次测量只能测量被测柱面的一个小子孔径, 结合子孔径拼接干涉测量法可以测量超出干涉仪口径和动态范围的大口径光学元件。由于子孔径拼接需要机械扫描运动来对准测试光束与不同位置的子孔径, 这个过程不可避免地引入了失调误差, 进而导致光程差的变化, 最终使面形误差和失调像差耦合在一起。拼接算法至关重要的作用就在于通过去除子孔径之间的失调像差, 将所有子孔径的面形误差结果拼接在一起。一种比较简单的失调像差建模方法是通过小角度线性近似将像差与失调误差联系起来。但这种方法无法准确模拟非球面的失调像差。一般来说, 失调像差可以拟合为多项式, 然后将其从子孔径测量中移除。但是, 这种方法存在混淆面形误差和失调像差的风险。实际上, 失调误差引入的像差具有确定的比例关系, 可以通过数学建模或光线追迹分析确定这种比例关系。然而，基于解析模型的算法和基于光线追迹的算法都比较烦琐，与被测面的孔径形状和表面类型有关。本节介绍的基于位形空间的拼接算法，通过计算刚体变换下表面高度变化，适用于各种表面类型和不同孔径形状。

4.4.1　柱面子孔径拼接算法原理

4.4.1.1　基于斜率的拼接算法

子孔径存在失调情况下，光路单次传播的 OPD 变化对应于测得的表面高度相对于参考表面的变化。它可以分为两个部分。第一个部分表示名义表面的高度变化，记为 $\Delta\phi_n$。即使测试表面是理想的，这一部分误差也是存在的。例如，由于倾斜角度的存在，倾斜平面会改变其高度坐标。因此，像素 (u, v) 上 OPD 的变化可以用如下最简单的线性相关方式与常数项和倾斜项联系起来 [20,21]：

$$\Delta\phi_n = a + bu + cv \tag{4-16}$$

其中，a、b 和 c 分别是常数项、俯仰项和倾斜项的系数。这种方法对于无横向位移的平面具有很好的效果。这样的线性关系是建立在小角度假设的基础上，即倾斜角 α 较小，$\sin\alpha$ 和 $\cos\alpha$ 分别用 α 和 1 近似。但是，式 (4-16) 没有描述 OPD 如何随着横向坐标改变 (如在横向位移的情况下) 而改变。

OPD 变化的第二个组成部分与表面面形误差本身有关，标记为 $\Delta\phi_e$，它用来解决横向坐标失调，如横向移位和自转 (绕子孔径轴线回转) 失调。对于没有面形误差的理想表面而言，这一误差项名义上为零。OPD 变化通过如下方式与表面高度的斜率线性相关 [21]：

$$\Delta\phi_e = p\frac{\partial\phi}{\partial u}+t\frac{\partial\phi}{\partial v} + \theta\left(u\frac{\partial\phi}{\partial v} - v\frac{\partial\phi}{\partial u}\right) \tag{4-17}$$

其中，p 和 t 分别是 u 方向和 v 方向的横向位移系数；θ 是回转角；两项偏导数分别是 u 方向和 v 方向的斜率。

当使用零位补偿器测试非球面时，式 (4-17) 没有描述 OPD 如何随着零位测试条件的变化而变化。例如，使用零位补偿器检测名义非球面时，被零位补偿器调制的非球面波前与被测面完全匹配，因此 OPD 为零。当被测面失调时，被测面偏离零位条件，测试波前中出现了彗差和像散。由于式 (4-17) 中的斜率不是笛卡儿坐标系中非球面矢高的斜率，而是减去名义矢高之后表面法向高度的变化率，因此这些项不能由基于斜率的拼接模型来修正。

结合式 (4-16) 和式 (4-17) 可以得到由失调引起 OPD 的完整表达式：

$$\Delta\phi = a + bu + cv + d(u^2 + v^2) + p\frac{\partial\phi}{\partial u} + t\frac{\partial\phi}{\partial v} + \theta\left(u\frac{\partial\phi}{\partial v} - v\frac{\partial\phi}{\partial u}\right) \tag{4-18}$$

其中，d 是测量球面和非球面时需要考虑在内的离焦项的系数。基于最小化重叠区域差异这一原则，将 OPD 的变化从子孔径中进行最小二乘意义上的最佳去除，即

$$F = \sum_{i=1}^{s-1} \sum_{k=i+1}^{s} \sum_{j_o=1}^{ik N_o} \left({}^{ik}\phi_{jo,i} + \Delta\phi_{jo,i} - {}^{ik}\phi_{jo,k} + \Delta\phi_{jo,k} \right)^2 \tag{4-19}$$

其中，左上标 ik 表示子孔径 i 和子孔径 k 之间的重叠区域；${}^{ik}N_o$ 是重叠区域数据点的个数。

式 (4-18) 和式 (4-19) 的方法是基于斜率的算法，这一算法能通过计算斜率有效地处理横向位置变化时引入的 OPD 在测量具有较大中高频面形误差的表面时具有明显优势，这是由于这类表面的误差斜率值很大，并且 OPD 变化对横向位置变化较为敏感。一个较好的例证就是使用这类算法进行连续相位板的拼接或配准，连续相位板的特点是纵向波动幅值小而频率高 [22]。因此像素尺度大小的横向位置变化就能产生显著的波前误差，而仅仅进行常数项和倾斜项的补偿是远远不够的。然而这种算法没有描述非球面子孔径的失调像差。当测量非球面时，失调非球面引入的像差不只是常数项、倾斜项和离焦项，还包括更复杂的二阶、三阶和其他偶次高阶像差。

4.4.1.2 基于多项式的拼接算法

用多项式来描述引入的失调像差，并通过最小化重叠区域差异来辨识多项式系数，从而实现子孔径之间的拼接是比较简洁明了的方法。通常来说，多项式采用在圆形区域内正交的 Zernike 多项式。Zernike 多项式的低阶项可以与彗差、像散等 Seidel 像差 [23,24] 联系起来。此时 OPD 的变化 $\Delta\phi$ 包含彗差和像散等失调引入的像差：

$$\Delta\phi = c_0 + c_1 u + c_2 v + c_3 (u^2 + v^2) + c_4 (u^2 - v^2) + c_5 uv + 3c_6 u(u^2 + v^2) + 3c_7 v(u^2 + v^2)$$
$$\tag{4-20}$$

其中，$c_0 \sim c_7$ 分别是常数项、俯仰、倾斜、离焦、0° 像散、45° 像散、Y 彗差和 X 彗差的系数。这一表达式可以看作是式 (4-17) 的扩展形式。在式 (4-20) 中可以包含更多的 Zernike 多项式，如三叶草、高阶彗差、高阶像散等。然而，刚体运动仅存在 6 个自由度，这意味着最多允许 6 项非独立项来描述 OPD 的变化。如果我们在式 (4-20) 中包含三叶草、二级彗差、二级像散等高阶项，那么它们的系数将是不独立的，并且会存在面形误差和失调像差耦合的风险。

实际上，失调自由度引入的不同失调像差之间具有特定的比例系数。高阶像差与低阶像差比例系数值随测试光的数值孔径和表面矢高的高阶项的增大而增大，因此基于多项式的拼接算法很有可能将面形误差错误地当成失调像差，从而得到

错误的拼接结果。描述低阶像差和高阶像差的多项式比例系数必须通过对检测系统进行分析建模来确定。

4.4.1.3　基于解析模型的拼接算法

波前误差中失调像差本质上是位置失调的表面在法线方向上与名义表面的偏离量。如图 4.25 所示, 6 自由度的位置姿态失调包括横向移动 d_x、d_y, 离焦 d_z, 俯仰和倾斜项 θ_x、θ_y 以及回转项 θ_z。在检测回转对称表面时, θ_z 通常可以忽略。对于不同离轴距离上的子孔径来说, 可以通过分析将不同失调误差引入的像差表示为多项式的线性组合。为了降低复杂性, 通常可以忽略高阶项而仅保留像散和彗差项。文永富和程灏波 [25] 提出了针对回转对称非球面的理论分析模型:

$$\Delta\phi = -2d_z + 2(cd_x - \theta_y)x + 2(cd_y + \theta_x)y + c^2 d_z(x^2 + y^2)$$
$$+ kc^3 d_x x(x^2 + y^2) + kc_3 d_y y(x^2 + y^2) + \frac{4k+1}{4}d_z c^4 (x^2 + y^2)^2 \quad (4\text{-}21)$$

其中, c 和 k 分别是顶点曲率和二次常数。而对于离轴子孔径来说, 这一表达式将更加复杂。

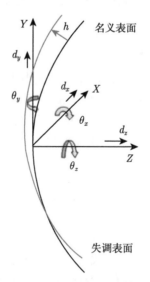

图 4.25　6 自由度失调表面

显而易见, 上述分析模型的缺点首先在于其仅适用于圆形的子孔径。对于环形和方形的子孔径来说, Zernike 多项式需要进一步修正以保证在孔径形状内正交。其次, 随着高阶失调像差项的系数变得越来越复杂, 烦琐的推导过程将很难扩展到高阶失调像差项。最后, 上述分析模型是针对特定表面的, 并不适用于所有有表面形状, 如柱面。

检测柱面镜存在很大不同,不只在于其方形的子孔径形状,还在于多项式之间的组合关系。一些文献讨论了使用零位补偿元件,比如,CGH 检测柱面镜时的失调像差 [6–10]。彭军政等 [6,10,11] 推导了使用 Legendre 多项式表示含有前几项高阶失调像差的理论模型:

$$\Delta\phi = a_1 L_1 + a_2 L_2 + a_3 L_3 + a_5 L_5 + a_6 L_6 + k_1 a_2 L_9 + k_2 a_3 L_{10} + k_3 a_5 L_{14} + k_4 a_6 L_{15} \quad (4\text{-}22)$$

其中,a_i 是 L_i 项的系数。理论模型中的关键就是要明确低阶失调像差和高阶失调像差之间的关系。高阶像差系数与低阶像差系数之间的比例系数大小与柱面测试波的半孔径角有关,而半孔径角的确定值很难进行精确标定,因此通常很难获取准确的比例系数。

4.4.1.4 基于光线追迹的拼接算法

解析模型以封闭解的形式给出了失调误差与失调像差的关系。然而,这种解析描述很难拓展到高阶项。实际上,OPD 的变化可以基于子孔径检测系统的光线追迹模型进行仿真 [26]。

基于光线追迹模型的算法通过在仿真软件中对检测系统施加失调误差,从而获取失调像差。失调像差通常使用多项式进行表示,光线追迹的结果能够给出多项式特定项与不同失调像差种类之间的关系。在小失调误差的情况下还可以进行线性近似,这种方法避免了理论推导,但是需要根据被测面的具体情况进行大量仿真。

另外,基于多项式的拼接算法、基于解析模型的算法和基于光线追迹的算法都仅仅对 OPD 变化的第一项,即 $\Delta\phi_n$ 进行了分析,而忽略了依赖于面形误差本身的 $\Delta\phi_e$。所幸的是,通常来说面形误差是低阶项,因此其斜率较小,可以忽略不计。

4.4.1.5 基于位形空间的拼接算法

在基于位形空间的算法方面,我们提出了通用的适应不同子孔径形状的拼接算法 [20,27–30]。这类算法通过数值计算获得失调表面与名义表面的偏离量。首先,它需要将测量数据点在笛卡儿坐标系中进行表示。如图 4.26 所示,干涉检测子孔径测量结果的成像像素坐标 (u, v, ϕ) 可以通过光线追迹模型与被测面的笛卡儿坐标 (x, y, z) 联系起来。机械失调用刚体变换矩阵 g 表示,并作用于测量点坐标。变换矩阵对应于几何特征在三维欧氏空间内的位形。拼接算法通过最小化子孔径重叠区域差异来寻找每个子孔径在位形空间中的最优位形。变换后的点数据与名义点数据的法向偏差构成了失调像差。

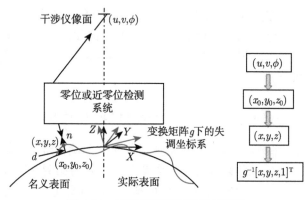

图 4.26　基于位形空间的坐标变换

法向偏离量的计算是通过计算点到曲面的距离实现的，即求解一系列非线性方程组

$$
\begin{cases}
x = x_0 + dn_x \\
y = y_0 + dn_y \\
z = z_0 + dn_z \\
z_0 = f(x_0 + y_0)
\end{cases}
\tag{4-23}
$$

其中，坐标点 (x_0, y_0, z_0) 是测量点在名义表面的法向投影；d 是点到曲面的法向距离；n 是曲面的法向矢量。

由于刚体变换类似于机械失调，因此点到曲面的距离准确地描述了失调像差，而且既包括了低阶像差，还包括了高阶像差。与基于解析模型的算法和基于光线追迹的算法相比，这种使用数值方法对失调像差进行建模的优势在于通用性，即不依赖于子孔径形状和被测表面类型。除此之外，OPD 的第一部分 $\Delta\phi_n$ 和第二部分 $\Delta\phi_e$ 都包含在距离计算的过程中。

图 4.27(a) 计算了一个口径为 100mm，顶点曲率半径为 96.23mm 的抛物面的失调 OPD。在绕 X 轴倾斜 0.02° 的表面上采样数据点，其与名义表面的偏差既包括了初级彗差又包括了高阶彗差。高阶彗差的大小依赖于失调误差的大小和测试光束的数值孔经 (Numerical Aperture，NA) 值。对于光束角度较小的测试光和较小的失调误差来说，高阶彗差通常可以忽略不计。图 4.27(b) 表示了初级彗差去除之后的高阶彗差。

另外，高阶像差随被测非球面高阶项的增大而显著增大。这一结论可以通过考察一个非球面度 160λ(λ=632.8nm) 的偶次非球面得到。偶次非球面的顶点曲率半径为 220mm，二次常数 $k=-1$，4 阶到 12 阶高次项系数分别为 6.509559×10^{-7}、-4.746152×10^{-10}、2.448832×10^{-13}、-7.988042×10^{-17} 和 1.161140×10^{-20} (单位为波长)。图 4.28(a) 表示计算得到的在 X 方向平移 0.01mm 偏置曲面的失调 OPD。

图 4.28(b) 表示去除初级彗差之后的结果, 可以看出曲面矢高的高次项引入了较大的高阶像差。在这种情况下, 失调 OPD 偏差的修正方程必须包括高阶像差项以使拼接顺利进行。

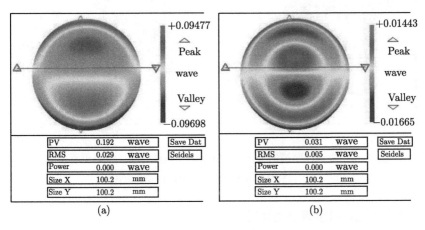

图 4.27   失调抛物面的失调 OPD 计算 (扫描封底二维码可看彩图)

(a) 消除俯仰–倾斜后; (b) 去除初级彗差后

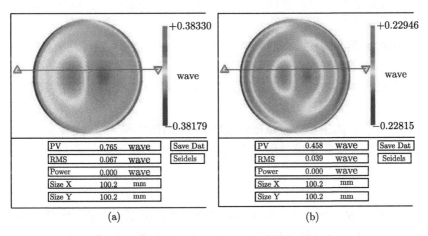

图 4.28   失调偶次非球面的失调 OPD 计算 (扫描封底二维码可看彩图)

(a) 消除俯仰–倾斜后; (b) 去除初级彗差后

为了展示基于位形空间算法的通用性, 在曲率半径 96.23mm 的失调柱面镜上进行了相同的操作。柱面的轴线在 X 轴方向。图 4.29(a) 和 (b) 表示柱面沿 Z 方向存在 0.01mm 离焦时的失调 OPD。从仿真结果可以看出, 失调误差引入了 Y 方向的离焦项和高阶像差。

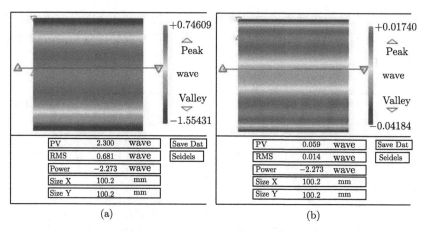

图 4.29　失调柱面镜的失调 OPD 计算 (扫描封底二维码可看彩图)

(a) 消除俯仰–倾斜后；(b) 去除 Y 向离焦后

4.4.2　柱面子孔径拼接算法仿真对比

本节主要比较基于多项式的算法和基于位形空间的算法在使用 CGH 进行柱面镜零位补偿拼接检测上的性能, 目的在于检验不同拼接算法对高阶像差修正的能力。而基于解析模型的拼接算法, 彭军政等 [6] 已经验证了其对高阶像差的修正能力, 在此不再赘述。

仿真中的被测凸圆柱面的曲率半径为 962.3mm。针对被测圆柱面设计了 CGH, 沿柱面轴线方向检测三个子孔径即可覆盖柱面的全口径。检测光路的主视图和俯视图分别如图 4.30(a) 和 (b) 所示。子孔径口径约为 130mm, 其沿柱面轴线均匀分布。

失调误差引入的主要像差是俯仰–倾斜、Y 向离焦和 45° 像散。因此, 在自由多项式修正算法中, 失调像差引入的 OPD 变化量 $\Delta\phi$ 可以在式 (4-20) 的基础上修改为

$$\Delta\phi = c_0 + c_1 u + c_2 v + c_3 v^2 + c_4 uv. \tag{4-24}$$

被测柱面的 NA 数较小, 在较小失调误差的情况下引入的高阶像差可以忽略不计。因此, 上述所有拼接算法理论上都可以达到较好的拼接效果。为了对比对高阶像差的修正效果, 我们引入了较大的失调误差以展示拼接算法对高阶像差不同的修正效果。

图 4.31(a)~(c) 分别表示中间子孔径绕 Z 轴旋转 0.1°、左边子孔径绕 Z 轴旋转 0.1°、右边子孔径绕 Z 轴旋转 −0.1° 的仿真结果。被测面的面形误差名义值接近于零, 仅包含了 CGH 补偿之后可以忽略不计的剩余像差。去掉 Twist 分量之后可以很明显地观察到高阶像差分量。

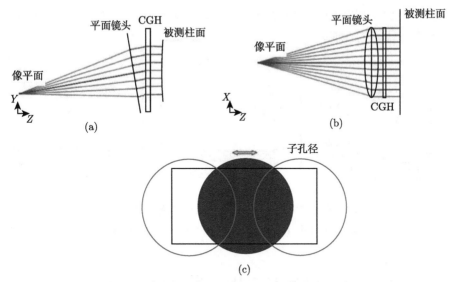

图 4.30 凸圆柱面子孔径拼接检测光路

(a) 主视图; (b) 俯视图; (c) 子孔径布局

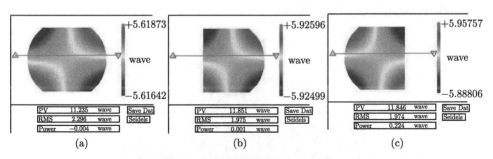

图 4.31 存在 Twist 情况下的子孔径检测仿真 (扫描封底二维码可看彩图)

(a) 存在 Twist 的中间子孔径; (b) 存在 Twist 的左边子孔径; (c) 存在 Twist 的右边子孔径

  首先使用基于斜率的拼接算法进行拼接, 得到全口径面形误差结果如图 4.32(a) 所示。如预期结果的相同, 拼接结果中存在明显的拼接误差。这是因为式 (4-18) 的 OPD 误差模型中没有包含 Twist 项。拼接误差的 PV 值和 RMS 值分别约为 17.141λ 和 2.296λ。

  然后使用基于多项式修正的算法进行拼接, 拼接结果如图 4.32(b) 所示。和预期结果相同, 拼接结果中包含了一些高阶像差, 这是由于式 (4-24) 中 OPD 误差模型没有包含失调误差引入的高阶像差。拼接误差的 PV 值和 RMS 值分别约为 0.356λ 和 0.014λ。

  使用基于位形空间的拼接算法得到拼接结果如图 4.32(c) 所示。拼接误差的

PV 值和 RMS 值分别约为 0.018λ 和 0.002λ。该方法在处理大失调引入的高阶像差方面具有较优异的性能。

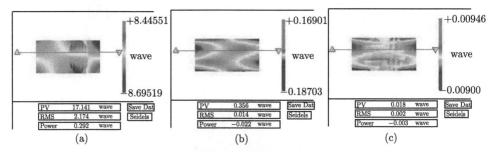

图 4.32　存在 Twist 的拼接结果 (扫描封底二维码可看彩图)

(a) 基于斜率的拼接算法; (b) 基于多项式修正算法; (c) 基于位形空间的拼接算法

4.5　大口径柱面反射镜的补偿拼接测量实例

实验采用一台 6in Zygo 干涉仪检测仿真中的凸圆柱面, 检测装置如图 4.33 所示。凸圆柱面镜实物如图 4.34 所示。

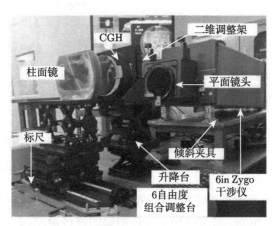

图 4.33　柱面反射镜的 CGH 补偿拼接检测装置

委托加工的 CGH 直径为 150mm, 有效口径为 140mm, 基板厚度为 15mm, 材料为 BK7, 衍射区域分布如图 4.35 所示, 其中各区域功能见表 4.7。主全息一次检测本节的凸圆柱面硅镜的口径范围为 100mm×100mm 的正方形区域。

由于受 CGH 口径的限制, 不能一次检测该凸圆柱面硅镜的全口径, 需要沿其母线方向进行拼接。实际检测时采用的子孔径划分方案如图 4.36 所示, 其中细黑线区域代表凸圆柱面有效区域的全口径, 蓝色区域为中心子孔径标记为 Sub0, 左侧和右侧绿色区域的子孔径分别标记为 Sub1 和 Sub2。Sub0 和 Sub1、Sub0 和 Sub2 的间距都为 70mm，子孔径重叠系数大约为 30%。

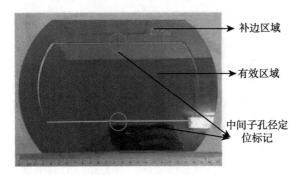

图 4.34 被测凸圆柱面

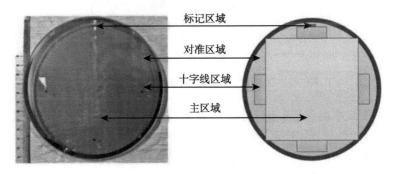

图 4.35 CGH 衍射区域分布

表 4.7 CGH 各衍射区域功能

区域名称	功能
主全息	检测柱面
对准全息	CGH 相对干涉仪对准
标记全息	CGH 和柱面镜相对位置粗略对准
标识区域	CGH 名称标识

实际光路结构如图 4.37 所示，为了分离其他衍射级次的干扰，CGH 和柱面镜相对干涉仪绕 X 轴旋转 α 角 ($\alpha=5°$)，柱面镜中心到 CGH 后表面的距离为 50mm，CGH 刻有衍射图样的一面朝向被测柱面镜。

对干涉条纹进行调零可以保证失调误差较小，这种情况下高阶像差的幅值与测量重复性相当，因此高阶像差不会出现在拼接误差结果里。

三个子孔径的测量结果和中心子孔径的干涉条纹分别如图 4.38(a)~(d) 所示。

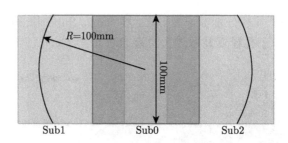

图 4.36　凸圆柱面子孔径划分方案 (扫描封底二维码可看彩图)

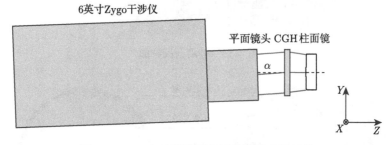

图 4.37　CGH 补偿检测凸圆柱面镜光路结构

　　使用基于斜率的算法、基于多项式修正的算法和基于位形空间算法的拼接结果分别如图 4.39(a)~(c) 所示。图 4.39(b) 和 (c) 的检测结果大致相同，而图 4.39(a) 的检测结果稍有不同。这一结果验证了在被测柱面数值孔径较小并且失调较小的情况下高阶像差可以忽略不计。

　　为了进一步验证偏离零位检测状态时各个拼接算法对像差的修正能力，在引入较大 Twist 像差项的情况下对相同的柱面进行了检测。三个子孔径的检测结果分别如图 4.40(a)~(c) 所示。如图 4.41(a) 所示，基于斜率的算法得到了明显错误的面形误差结果。图 4.41(b) 和 (c) 分别是使用基于多项式修正算法和基于位形空间

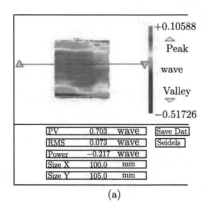

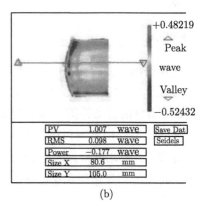

(a)　　　　　　　　　　　　　　　　(b)

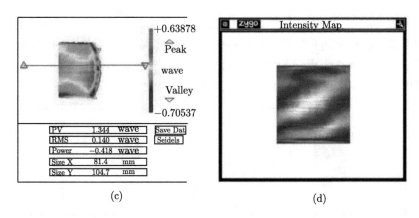

图 4.38　柱面子孔径检测结果和中心子孔径的干涉图 (扫描封底二维码可看彩图)

(a) 中心子孔径; (b) 左侧子孔径; (c) 右侧子孔径; (d) 中心子孔径干涉图

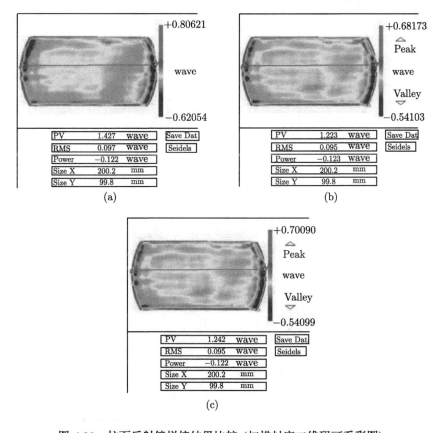

图 4.39　柱面反射镜拼接结果比较 (扫描封底二维码可看彩图)

(a) 基于斜率算法的拼接结果; (b) 基于多项式修正算法的拼接结果; (c) 基于位形空间算法的拼接结果

算法得到的检测结果。两者依然比较相似，这是因为仅仅引入了较小的高阶像差。我们使用基于位形空间算法进行面形拼接检测，进而指导修形加工，经过多轮加工迭代修形，得到最终面形误差如图 4.42(a) 所示。图 4.42(b) 表示中心子孔径的干涉条纹图。以上实验也间接验证了拼接算法的有效性 [30]。

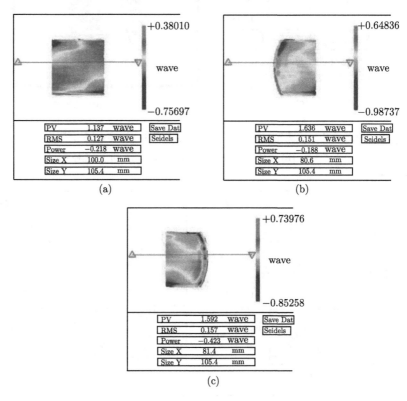

图 4.40　存在较大失调的子孔径检测结果 (扫描封底二维码可看彩图)

(a) 中心子孔径；(b) 左侧子孔径；(c) 右侧子孔径

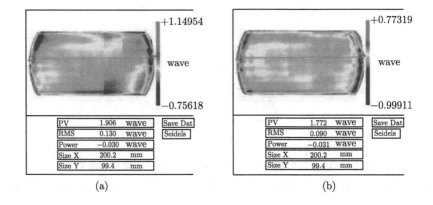

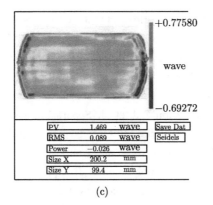

(c)

图 4.41　存在较大失调的拼接结果比较 (扫描封底二维码可看彩图)

(a) 基于斜率算法的拼接结果；(b) 基于多项式修正算法的拼接结果；(c) 基于位形空间算法的拼接结果

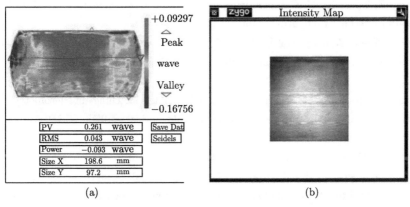

(a)　　　　　　　　　　　　(b)

图 4.42　迭代修形加工面形收敛结果 (扫描封底二维码可看彩图)

(a) 拼接结果；(b) 中心子孔径干涉条纹图

参 考 文 献

[1] 李春霞，张爱红，左保军，等. 用于半导体激光器的等共轭距双曲柱面镜系统 [J]. 光学技术，1999，5: 11-15.

[2] 卢启鹏，高飒飒，彭忠琦. 同步辐射水平偏转压弯镜面形误差分析与补偿 [J]. 光学精密工程，2011，19(11): 2644-2650.

[3] Martín V, Freijo I, Bean R, et al. Metrology of micron focusing KB mirrors for SPB/SFX instrument and preliminary commissioning results at European XFEL[C]. Proc. SPIE 10761, Adaptive X-Ray Optics V1076102, 2018, Sep.18.

[4] Cylinder Nulls. Diffraction International. http://www.diffraction.com/ (1 June 2011).

[5] Shannon R, Wyant J. Applied Optics and Optical Engineering[M]. New York: Academic Press Inc., 1992.

[6] Peng J Z, Wang Q, Peng X, et al. Stitching interferometry of high numerical aperture cylindrical optics without using a fringe-nulling routine [J]. J. Opt. Soc. Am. A, 2015, 32(11): 1964-1972.

[7] Liu F, Robinson B M, Reardon P J, et al. Separating misalignment from misfigure in interferograms on cylindrical optics [J]. Opt. Express., 2013, 21(7): 8856-8864.

[8] Liu F, Robinson B M, Reardon P, et al. Analyzing optics test data on rectangular apertures using 2-D Chebyshev polynomials [J]. Opt. Eng., 2011, 50(4): 043609-1∼12.

[9] Reardon P, Liu F, Geary J. Schmidt-like corrector plate for cylindrical optics [J]. Opt. Eng., 2010,49(5): 053002-1∼6.

[10] Peng J Z, Ge D, Yu Y, et al. Method of misalignment aberrations removal in null test of cylindrical surface[J]. Appl. Opt., 2013, 52: 7311-7323.

[11] Peng J Z, Yu Y, Xu H. Compensation of high-order misalignment aberrations in cylindrical interferometry[J]. Appl. Opt., 2014, 53: 4947-4956.

[12] 薛帅. 典型高能激光元件的面形误差测量技术研究 [D]. 长沙: 国防科技大学, 2015.

[13] Hilbert R, Rimmer M. A variable refractive null Lens[J]. Appl. Opt., 1970, 9(4): 849-852.

[14] Tricard M, Kulawiec A, Bauer M, et al. Subaperture stitching interferometry of high-departure aspheres by incorporating a variable optical null[J]. CIRP Annals-Manu. Technol., 2010, 59: 547-550.

[15] Peng J Z, Chen D, Guo H, et al. Variable optical null based on a yawing CGH for measuring steep cylindrical surface[J]. Opt. Express, 2018, 26(16): 20306-20318.

[16] Dall H. A null test for paraboloids[J]. J. Br. Astron. Assoc., 1947, 57: 201-205.

[17] 薛帅. 复杂光学面形的自适应可变补偿干涉检测技术研究 [D]. 长沙: 国防科技大学, 2019.

[18] Robinson B, Reardon P, Howell K. Geometric propagation of an axially symmetric optical wavefront in a homogeneous medium[J]. J. Mod. Opt., 2009, 56(4): 558-563.

[19] Xue S, Chen S Y, Tie G P. Near-null interferometry using an aspheric null lens generating a broad range of variable spherical aberration for flexible test of aspheres[J]. Optics Express, 2018, 26(24): 31172-31189.

[20] Chen S, Li S, Dai Y. Subaperture Stitching Interferometry: Jigsaw Puzzles in 3D Space[M]. Bellingham: SPIE Press, 2016.

[21] Golini D, Forbes G, Murphy P. Method for self-calibrated sub-aperture stitching for surface figure measurement[P]. US, Patent 6,956,657 B2. QED Technologies Inc., Oct.18, 2005.

[22] Chen S, Dai Y, Li S, et al. Surface registration-based stitching of quasi-planar free-form wavefronts[J]. Opt. Eng., 2012, 51(6): 063605-1∼9.

[23] Mahajan V N. Aberration Theory Made Simple[M]. Bellingham: SPIE, 2011.

[24] Mahajan V N. Optical Shop Testing[M]. New Jersey: John Wiley & Sons, 2007.

[25] Wen Y, Cheng H. Measurement for off-axis aspheric mirror using off-axis annular sub-aperture stitching interferometry: theory and applications[J]. Opt. Eng., 2015, 54(1): 01410301-01410311.

[26] Burge J H, Su P, Zhao C. Optical metrology for very large convex aspheres[C]. Proc. SPIE, 2008, 7018: 70181801-70181812.

[27] Chen S, Li S, Dai Y, et al. Iterative algorithm for subaperture stitching test with spherical interferometers[J]. J. Opt. Soc. Am. A, 2006, 23(5): 1219-1226.

[28] Chen S, Li S, Dai Y. Iterative algorithm for subaperture stitching interferometry for general surfaces[J]. J. Opt. Soc. Am. A, 2005, 22(9): 1929-1936.

[29] Chen S, Zhao C, Dai Y, et al. Stitching algorithm for subaperture test of convex aspheres with a test plate[J]. Opt. Laser Technol., 2013, 49: 307-315.

[30] Chen S Y, Xue S A, Wang G L, et al. Subaperture stitching algorithms: a comparison[J]. Optics Communication, 2017, 390: 61-71.

第 5 章 基于双回转 CGH 的可变补偿拼接测量

5.1 大口径凸非球面的离轴测量需求

凸非球面干涉检验时通常需要更大口径的照明透镜和补偿器等辅助光学元件，当被测面口径增大时，测量成本和难度都急剧增大。子孔径拼接方法可以克服口径受限问题，但对于离轴子孔径来说，像差以彗差和像散为主，失去了回转对称性，传统的回转对称型补偿器不再适用。而且不同离轴位置的子孔径像差并不相同，这就要求补偿器能够补偿不同的像差，因此非球面的离轴子孔径测量是 CGH 补偿检验应用的又一个典型情况。本章以双回转 CGH 作为产生可变像差的新型补偿器，介绍其在大口径凸非球面的子孔径拼接测量中的应用。

大口径凸非球面的口径在 300mm 以上，广泛应用于高分辨率望远镜光学系统中，作为其中的次镜，是参与高质量成像的重要组成元件。空间光学望远镜有三种基本形式，即抛物面主镜 + 平面反射镜组成的牛顿系统、抛物面主镜 + 凹椭球面次镜组成的 Gregory 系统和抛物面主镜 + 凸双曲面次镜组成的 Cassegrain 系统，均满足等光程条件，成像符合理想情况。但就轴外点而言，其彗差和像散却很大，因此可用的视场十分有限。在 Cassegrain 系统的基础上用一个凹双曲面主镜代替抛物面主镜，保持凸双曲面次镜不变，就组成目前大型天文望远镜上最常用的 Cassegrain 型 R-C 系统。这种系统的最大优点是可获得大到几十分的视场并同时消除球差和彗差，而一般系统仅有大约 2′ 的视场 [1]。

随着空间光学遥感技术的快速发展和军事需求的不断增长，对地空间侦察要求越来越高的分辨率，例如，在 500km 高的太阳同步轨道实现 0.1m 甚高分辨率的对地侦察。空间相机望远镜系统为实现甚高分辨率，基本途径是增大焦距与口径。美国现役的 KH-12 侦察卫星光学系统采用 R-C 改进型，次镜为凸镜，主镜口径为 Φ3.68～3.81m，地面分辨率为 0.1～0.15m，口径大小和面形精度是决定其成像分辨率和像质的关键因素。波音 747 机载的 2.5m 同温层红外天文台 (SOFIA) 的次镜为 352mm 口径的 SiC 凸双曲面 [2]。美国航空航天局 (NASA) 计划取代哈勃望远镜用于太空探测的 JWST(James Webb Space Telescope) 望远镜，次镜为凸双曲面，在整个口径 (740mm) 内小于 5 个空间周期的面形误差 RMS 不得大于 34nm，5～30 个空间周期的 RMS 不得大于 12nm，而 30 个空间周期的 RMS 不得大于 4nm[3]。欧洲 10m 级 GTC(Gran Telescopic Canarias) 望远镜系统用于红外和可见光天文观测，采用 R-C 结构，次镜为凸双曲面，等效圆形口径 1066mm[4]。我国 2.16m 天文望远镜的次镜采用凸双曲面，通光口径为 720mm，先后采用了反射补偿法和 Hindle 检验法，其中反射补偿镜为椭球面，口径约为被测镜的 1.5 倍，本身需要利用其无像差点进行检验；而 Hindle 检验法用到 1.6m 口径的辅助球面 [5]。

在投影光刻物镜系统中，分辨率与物镜的数值孔径成反比。数值孔径越大，光刻的最小特征尺寸越小，但是物镜中光学元件的口径和数目也随之增大，为此采用了越来越多的非球面。例如，Carl Zeiss 的 Rostalski 和 Ulrich 在美国专利 US 6891596 中提出的用于 193nm 光刻的物镜设计，采用了 9 个高次非球面，其中凸非球面口径接近 300mm[6]；美国专利 US 6072852 中提出的大数值孔径极紫外光刻物镜中，采用了两个高次凸非球面反射镜[7]。光刻物镜中光学元件的面形精度要求达到 0.1nm RMS，对于光学加工特别是光学检测技术是一个极大挑战。此外，在激光核聚变终端光学系统中也用到了 400mm 左右的方形凸非球面作为聚焦透镜的表面 [8]，其面形精度直接影响光束聚焦到靶球上的焦斑质量，进而影响到聚变点火条件的实现。

凸二次非球面可以利用一对无像差点 (如抛物面的焦点和无穷远点)，实现零位测试，如图 5.1(a) 所示的 Hindle 检验法，干涉仪点光源位于被测双曲面的一个焦点上，Hindle 球面的球心则与另一个焦点重合，将被测面反射的测试光束原路返回到干涉仪。但是无像差点法受到测量光路的限制，不易实现，要求 1.5~2 倍或更大口径的 Hindle 球面也增加了成本和难度，而且不适用于高次非球面。Smith 和 Jones 总结了大口径凸非球面次镜的 9 种测量方法[9]，其中最具代表性的 3 种是 Hindle 检验法、非球面测试样板法和背面透过检验法。非球面测试样板法见图 5.1(b)，是补偿检验；背面透过检验法是巧妙地将凸非球面当作凹面检测，从而避

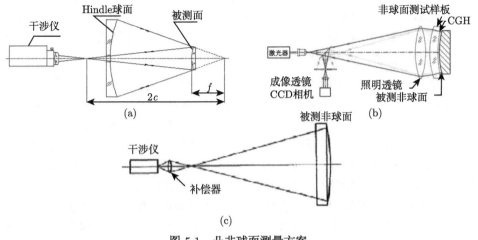

图 5.1　凸非球面测量方案

(a) 凸双曲面的 Hindle 检验法; (b) 非球面测试样板法; (c) 背面透过检验法

免了凸面检测的难题, 如图 5.1(c) 所示, 但是要求被测镜使用均匀性极高的熔石英等透光材料, 且不再适用背面减重结构, 对面形精度控制和整个光学系统的轻量化十分不利。

从国内外技术发展过程看, 大口径凸非球面反射镜的面形检测历来是个技术难题。一方面, 非球面度较大, 决定了其不能直接用干涉仪进行测量, 而需要附加辅助光学元件, 如 Hindle 球面、补偿器和非球面样板等, 不同的被测镜要求专门设计辅助元件, 且其本身的高精度加工、检测与装调同样面临挑战; 另一方面, 凸镜干涉测量要用到口径相当或更大的辅助元件将测试光束返回到干涉仪, 例如, Hindle 检验法通常要求被测镜口径 1.5~2 倍以上的 Hindle 球面, 这就大大增加了大口径凸非球面的面形检测难度和成本, 当前制作大口径的补偿器 (包括 CGH) 仍然是个难题。

为了克服大口径凸非球面干涉检验的口径受限问题, 可采用子孔径拼接方法, 通过依次测量并拼接若干更小的子孔径, 得到全口径面形误差, 具有同时增大测量范围和提高横向分辨率的优点。由于子孔径的非球面度比全口径减小了, 拼接方法可以直接测量一些非球面度不大的非球面。除了中心子孔径外, 其余子孔径均相当于被测非球面上的离轴子镜。但是由于没有使用补偿器, 非球面子孔径处于非零位测试状态, 在边缘附近的离轴子孔径像散越来越严重, 当非球面度较大时, 为了满足子孔径干涉条纹少到可解析的条件, 边缘子孔径可能很小而子孔径数目迅速增加, 极大增加了子孔径拼接测量的难度。例如, 有效口径为 360mm 的凸双曲面, 非球面度约为 150.7μm 时, 由于子孔径像散随着离轴量增大而近似以平方关系增长, 可能需要超过 140 个子孔径才能覆盖全口径, 如图 5.2 所示 [10]。不用补偿器而仅依靠子孔径拼接方法, 其动态范围难以满足高陡度非球面的大像差解析要求。如果引入补偿器, 则因为离轴子孔径像差失去了回转对称性, 传统补偿器并不适用; 并且不同离轴位置的子孔径像差变化显著, 要想实现各个子孔径的零位测试就必须使用不同的补偿器, 或者使用能够产生可变像差的补偿器。

为解决这个问题, 美国 QED 公司 2009 年初推出了非球面子孔径拼接干涉仪 (Aspheric Stitching Interferometer, ASI), 如图 5.3 所示 [11], 利用可变棱镜技术, 可测非球面度达 1000λ (λ=632.8nm), 但测量口径不大于 300mm。可变棱镜实际上是一对 Risley 棱镜, 即一对楔形平板, 两个平板相向回转时主要引入彗差; 调整两个平板相对干涉仪光轴的整体倾斜, 主要引入像散。通过这两个自由度, 产生大小可调的像差, 补偿子孔径的大部分像差 [12,13]。该方法的缺点是需要两个调整自由度, 对回转和倾斜调整的精度要求很高, 对准比较困难; 并且由于需要调整补偿器的整体倾斜 (可能达 40°), 要求波面干涉仪与被测镜面之间预留足够多的空间, 不利于凸非球面测量空间紧凑的场合。

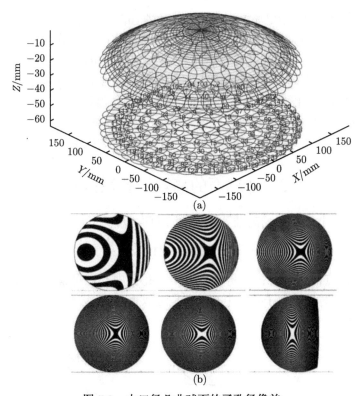

图 5.2 大口径凸非球面的子孔径像差

(a) 子孔径划分; (b) 不同离轴量的子孔径干涉图

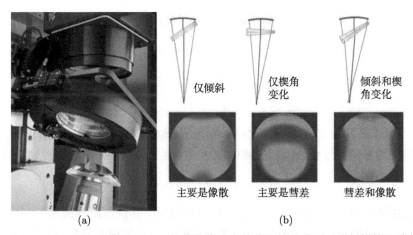

图 5.3 QED 公司采用 Risley 棱镜作为可变补偿器的非球面子孔径拼接干涉仪

(a) 实物近景照片; (b) 倾斜和相向回转产生可变的像散和彗差

Acosta 和 Bará[14] 指出通过相向回转一对 Zernike 相位板可产生变化的 Zernike 像差。我们利用 Zernike 多项式的这一旋转属性，采用 CGH 作为 Zernike 相位板，提出了基于双回转 CGH 的可变补偿器 [15-17]。与常规的零位 (Null) 补偿器要求几乎补偿全部像差不同，可变补偿器只要求子孔径补偿后的剩余像差减小到波面干涉仪的垂直测量范围之内 (如 10λ PV)，此时的补偿器称之为近零位 (Near-Null) 补偿器。下面从非球面的离轴子孔径像差特点出发，详细介绍基于双回转 CGH 的近零位补偿器设计及其在大口径凸非球面拼接测量中的应用。

5.2　非球面的离轴子孔径像差

考虑二次凸非球面上的离轴子孔径，非球面方程为

$$x^2 + y^2 = 2Rz - (1 - e^2)z^2 \tag{5-1}$$

其中，R 是顶点曲率半径；e 是偏心率。子孔径中心在母镜坐标系中的坐标为 $(x_0, 0, z_0)$，测量时光轴与子孔径中心法向是近似重合的，因此可建立如图 5.4 所示的局部坐标系。

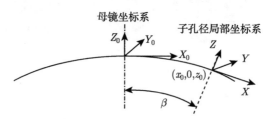

图 5.4　离轴子孔径的坐标系

子孔径坐标系与母镜坐标系通过简单的坐标变换联系：

$$(x\cos\beta + z\sin\beta + x_0)^2 + y^2 + 2R(x\sin\beta - z\cos\beta - z_0)$$
$$+ (1 - e^2)(x\sin\beta - z\cos\beta - z_0)^2 = 0 \tag{5-2}$$

离轴角 β 是测试系统光轴与母镜光轴的夹角，因此 z 坐标可以通过求解上式获得。从中扣除球面分量，得到波像差的解析表达式，用 Maclaurin 级数展开到三阶：

$$z - z_s = c_0 + c_1 x^2 + c_2 y^2 + c_3 x^3 + c_4 xy^2 \tag{5-3}$$

其中，系数与 Seidel 像差对应。由于沿 X 方向离轴，其余三阶项为零。

式 (5-3) 的系数也可以与 Zernike 多项式的 Z_4(0° 方向的像散与离焦)、Z_6(彗差与 X 倾斜) 和 Z_9(三叶形) 联系：

$$Z_4 = x^2 - y^2, \quad Z_6 = -2x + 3x(x^2 + y^2), \quad Z_9 = x^3 - 3xy^2 \tag{5-4}$$

对应 Zernike 系数为

$$P_4 = -\frac{e^2 \sin^2 \beta}{4R}\sqrt{1 - e^2 \sin^2 \beta} \tag{5-5}$$

$$P_6 = \frac{1 - e^2 \sin^2 \beta}{24R^2} e^2 \sin \beta \cos \beta (4 - 3e^2 \sin^2 \beta) \tag{5-6}$$

$$P_9 = -\frac{1 - e^2 \sin^2 \beta}{8R^2} e^4 \sin^3 \beta \cos \beta \tag{5-7}$$

Zernike 多项式的前四项 $Z_0 \sim Z_3$ 不需考虑，因为测量结果中可以消除，并且

$$\frac{P_6}{P_9} = 1 - \frac{4}{3}\frac{1}{e^2 \sin^2 \beta} \tag{5-8}$$

因此当 $e^2\sin^2\beta$ 远小于 1 时，三叶形误差远小于彗差分量，而且彗差、像散和三叶形近似是离轴角的线性、二次和三次关系，所以非球面离轴子孔径的像差主要包含像散、彗差和少量三叶形。

5.3 基于双回转 CGH 的可变补偿器

5.3.1 双回转 CGH 的光学设计

基于双回转 CGH 的可变补偿器是将一对 CGH 用作 Zernike 相位板，产生可变的彗差和像散，以补偿被测面 (或其子孔径) 的大部分像差，使得剩余像差可被干涉仪解析。如图 5.5 所示，通过调整一对相向回转的 Zernike 相位板的回转角度，产生大小可调的彗差和像散，实现不同形状曲面在不同位置的子孔径的大部分像差的补偿。利用 Zernike 多项式的回转特性，一对回转的 Zernike 相位板可以产生大小变化的纯 Zernike 模式。相位板中心区域为测试图案，相位函数由 Zernike 多项式的 Z_5(45° 方向的像散与离焦) 和 Z_7(彗差与 Y 倾斜) 两项组成：

$$\begin{cases} aZ_5 = a\rho^2 \sin(2\theta) \\ bZ_7 = b(3\rho^2 - 2)\rho \sin \theta \end{cases} \tag{5-9}$$

其中，ρ 为归一化孔径坐标的极半径；θ 为归一化孔径坐标的方位角；a 和 b 分别为 Z_5 多项式和 Z_7 多项式的系数，两个相位板的多项式系数互为相反数，取值大小由离轴子孔径 (沿 X 方向离轴) 的像差确定。

上述 Zernike 相位板用 CGH 实现，CGH 的图案除了用作像差补偿的中心区域外，还可以在同一个基板的边缘区域同步制作对准图案，用于对准相位板与波面干涉仪的初始位置以及两个相位板之间的初始位置，从而简化子孔径测量的校准与对准过程，提高测量精度。双回转 CGH 的可变补偿器具有结构紧凑、调整自由度少、易于校准和对准、无圆形孔径畸变等优点。

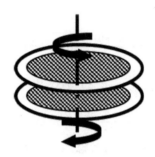

图 5.5　双回转相位板实现近零位补偿的新方案

下面以两个凸非球面反射镜样件为例进行相位函数设计,具体步骤如下 [17]。

第一步:根据被测非球面的顶点曲率半径,选择适当的波面干涉仪镜头,估计子孔径大小,并根据子孔径重叠区域大小确定离轴子孔径的位置。反射镜样件 1 为凸双曲面 SiC 反射镜,其二次常数为 −2.1172,顶点曲率半径为 772.48mm,口径为 360mm。确定三圈离轴子孔径,均为绕被测镜面光轴等角度间隔均布,角度间隔由重叠区大小 (重叠比) 确定,子孔径中心法线与光轴的夹角 α 分别为 3.8°、7.6° 和 11.4°。由于回转对称性,同一圈子孔径 (子孔径中心到被测镜面光轴的距离相等)的像差相同,因此只需计算三圈子孔径中沿 X 方向离轴的三个子孔径。

第二步:在光学设计软件 (如 Zemax) 里建立非球面离轴子孔径的测量模型,如图 5.6 所示,其中相位板采用 Zernike Fringe Phase 建模,口径为 100 mm。通过 Zemax 软件计算三圈离轴子孔径的像差,主要由 Zernike 多项式的 Z_4 (0° 方向的像散与离焦) 和 Z_6(彗差与 X 倾斜) 两项组成,其表达式为

$$Z_4 = \rho^2 \cos(2\theta), \quad Z_6 = (3\rho^2 - 2)\rho \cos\theta \tag{5-10}$$

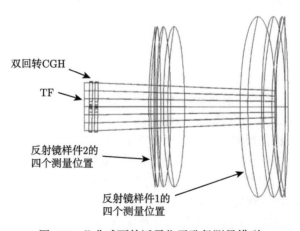

双回转CGH

TF

反射镜样件2的
四个测量位置

反射镜样件1的
四个测量位置

图 5.6　凸非球面的近零位子孔径测量模型

第三步: 考虑非球面反射镜样件 2, 是顶点曲率半径为 1023.76mm、二次常数为 0、口径为 320 mm、4 次项系数为 -1.868×10^{-10}、6 次项系数为 -5.48×10^{-16} 的高次凸非球面, 重复上述第一步和第二步, 计算得到各离轴子孔径像差对应的 Z_4 和 Z_6 的系数。高次凸非球面同样采用三圈离轴子孔径。

第四步: 求解非线性方程组得到 x_0、y_0 以及 γ_i

$$\begin{cases} x_i = 2x_0 \sin(2\gamma_i), \\ y_i = 2y_0 \sin(\gamma_i), \end{cases} \quad i = 1, 2, \cdots, n \tag{5-11}$$

其中, x_i 和 y_i 分别为代入第二步和第三步计算得到的对应 Z_4、Z_6 系数的一半。

第五步: 在测量模型中输入 Zernike 相位板的相位函数, 进行干扰级次分析。由于一对 CGH 串联使用, 除了测量使用的 +1 级外, 还存在很多干扰衍射级次的组合。考虑到双 CGH 需要回转, 为了分离干扰级次的影响, 设计了离焦载频。

第六步: 根据相位板在测量光路中与干涉仪和被测非球面的位置关系, 设计辅助对准全息的相位函数。由于干涉仪采用平面镜头, 两个相位板相对干涉仪光轴只需要调整俯仰和倾斜 (Tip-Tilt), 可通过设计同心圆光栅结构实现辅助对准。两个相位板相互位置对准则通过设置同心圆直径上的一对反射光点, 调整使其重合, 并且回转中心与两个相向回转转台的轴线重合。

最终设计的 CGH 相位板的相位函数如图 5.7 所示, 由 Zernike 标准相位的 Z_3(离焦)、Z_4(0° 方向的像散与离焦) 和 Z_6(彗差与 X 倾斜) 组成, 系数分别为 -201.7167、28、9.1 和 -302.575、-28、-9.1。测量两个凸非球面反射镜样件时, 第一相位板绕光轴顺时针方向回转, 第二相位板绕光轴逆时针方向回转。两个凸非球面反射镜样件的近零位子孔径划分结果如图 5.8 所示。其中样件 1 共 44 个子孔径, 第一、二、三圈分别均布 8 个、15 个和 20 个; 样件 2 共 37 个子孔径, 第一、二、三圈分别均布 6 个、12 个和 18 个子孔径。每圈子孔径相应的 CGH 回转角度见表 5.1。

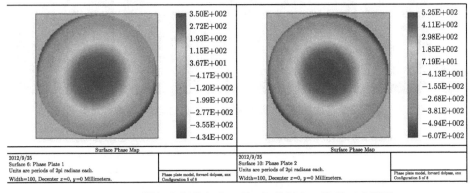

图 5.7 双回转相位板的相位函数 (扫描封底二维码可看彩图)

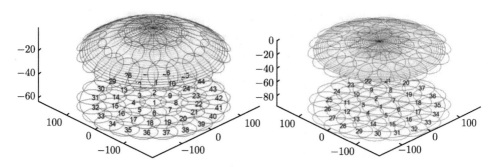

图 5.8　两个凸非球面反射镜样件的近零位子孔径划分结果

表 5.1　两个反射镜样件子孔径测量时的 CGH 回转角度

子孔径位置	非球面反射镜样件 1				非球面反射镜样件 2			
	中心	第一圈	第二圈	第三圈	中心	第一圈	第二圈	第三圈
回转角度/(°)	0	1.13	4.84	11.90	0	0.62	2.17	4.74

图 5.9 为子孔径经过近零位补偿后的剩余像差，最大剩余像差值为 8.7836λ PV，满足 10λ 以下的要求。为提高双 CGH 的衍射效率，相位板采用 4 台阶工艺制作，图 5.10 为测得三维微观形貌结果。

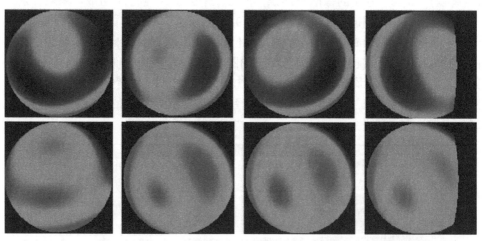

图 5.9　子孔径经过近零位补偿后的剩余像差 (扫描封底二维码可看彩图)

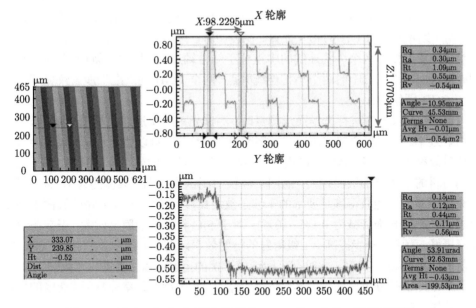

图 5.10 用于凸非球面近零位补偿的 CGH 的 4 台阶三维微观形貌

5.3.2 双回转 CGH 的辅助图样设计

用 CGH 实现近零位补偿器的相位板,可在制作测试图样时同步制作辅助对准全息图样。如图 5.11 所示,中心区域为测试主全息,边缘区域为对准全息,其中直条纹 (光栅) 用于对准 CGH 相对干涉仪光轴的二维倾斜,即通过夹持机构调整 CGH 的倾斜,使得干涉仪发出的平行光被 CGH 的辅助对准图样反射后形成的干涉条纹达到零条纹状态。

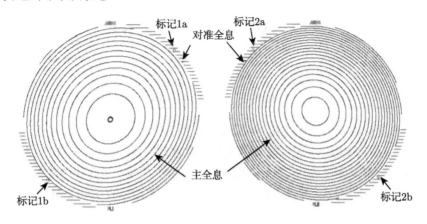

图 5.11 双回转 CGH 的测试图样与辅助对准全息图样

　　每个 CGH 的边缘辅助图样中有两个小孔, 其连线中点与测试图样的中心重合, 用于对准两个 CGH 的相互位置。在装调时, 一边回转 CGH, 一边调整 CGH 的横向平移, 使得两个小孔连线的中点位于转台轴线上, 即中点轨迹圆半径最小; 同时对准另一个 CGH 的两个小孔连线中点 (两个 CGH 的对准干涉条纹显示在同一个 CCD 图像中)。

　　采用一对 CGH 进行光学面形测量时, 测试光束两次透过一对相位板, 必须考虑衍射效率。采用相位型 CGH, +1 级衍射的衍射效率可以达到 40%, 而其他级次的衍射效率要低得多。这样两次透过一对相位板后的衍射效率为 2.56%, 对于普通玻璃材料的未镀膜的被测镜面, 返回干涉仪的测试光的光强衰减约为 0.1%, 用普通波面干涉仪也能获得满足要求的干涉条纹对比度 (例如 Zygo 公司的波面干涉仪要求测试光的光强衰减为 0.1%~40%); 对于 SiC 材料或镀膜反射镜, 干涉条纹对比度更好。为了进一步提高 +1 级衍射的衍射效率, 采用 4 台阶工艺制作 CGH, 将其衍射效率提高到 81%。此时有可能造成干扰的衍射级次主要是 −3 级和 +5 级, 衍射效率分别是 9.01%和 3.24%, 两次透过双 CGH 后的效率非常低, 造成的鬼像影响可以忽略。

5.3.3　近零位补偿器的面形适应性

　　尽管近零位补偿器是针对两个凸非球面进行设计的, 但是通过调整两个相位板的回转角度, 可以产生不同的彗差与像散组合, 从而灵活适用于不同形状的非球面。下面以 SOFIA 望远镜的次镜和某凹非球面进行验证。

　　SOFIA 次镜是凸双曲面, 顶点曲率半径为 954.5mm, 二次常数为 −1.28, 口径为 352mm, 非球面度约为 44.1μm。划分为三圈离轴子孔径, 子孔径的离轴量 d_0、相位板回转角度 γ_i 和补偿后剩余像差大小见表 5.2, 在干涉仪的动态范围之内。

表 5.2　SOFIA 次镜的子孔径剩余像差

子孔径	第一圈	第二圈	第三圈
d_0/mm	50.0040	100.1672	150.6498
γ_i/(°)	0.4862	2.1330	4.9387
剩余像差/λ	4.39 PV; 0.78 RMS	4.55 PV; 0.81 RMS	2.82 PV; 0.46 RMS

　　上述近零位补偿器同样适用于凹非球面, 与凸非球面测量不同, 此时子孔径应是沿着 −X 方向离轴的。设凹非球面为顶点曲率半径为 1400mm、口径为 540mm 的凹抛物面, 非球面度约 60.5μm, 采用三圈离轴子孔径, 子孔径的离轴量 d_0、相位板回转角度 γ_i 和补偿后剩余像差大小见表 5.3, 在干涉仪的动态范围之内。

表 5.3　凹非球面的子孔径剩余像差

子孔径	第一圈	第二圈	第三圈
d_0/mm	80	160	240
γ_i/(°)	0.8505	3.0965	6.9197
剩余像差/λ	4.49 PV; 0.77 RMS	4.40 PV; 0.74 RMS	3.95 PV; 0.49 RMS

5.4　近零位子孔径拼接算法

5.4.1　拼接模型与优化算法

非球面子孔径在近零位状态下测量时，干涉仪、近零位补偿器和被测非球面三者之一存在对准误差，都可能引入轴外像差，并且与被测面形误差耦合在一起，难以分离。第 4 章对几种子孔径拼接算法进行了对比分析与验证，这里采用基于位形空间的拼接算法。与带零位补偿器的拼接算法类似，首先要对近零位补偿器进行追迹确定物像坐标对应关系，同时利用位形空间理论对子孔径对准误差引入像差的变化规律进行建模，从而根据重叠区一致性原则实现拼接优化。不同之处在于，近零位补偿器存在理论上的剩余像差，必须将其从子孔径测量结果中扣减出来。

结合光学追迹与位形空间理论的近零位子孔径拼接步骤如下。

第一步：设子孔径的测量数据为 $W_i=\{w_{j,i}=(u_{j,i}, v_{j,i}, \varphi_{j,i})\}$，$i=1, 2, \cdots, s$，$j=1, 2, \cdots, N_i$，其中 s 为子孔径个数，N_i 为子孔径 i 的测量点数，$\varphi_{j,i}$ 为对应像素 $(u_{j,i},v_{j,i})$ 上测得的光程差的一半。利用图 5.6 所示的凸非球面子孔径测量模型，通过追迹确定子孔径的测量数据中，每个像素 $(u_{j,i},v_{j,i})$ 对应到子孔径在模型坐标系中的横坐标 $(x_{j,i}^0, y_{j,i}^0)$，如图 5.12 所示。其中模型坐标系 C_M 建立在被测非球面镜的名义模型的顶点上，Z 轴与被测非球面镜光轴重合，然后根据被测非球面镜的面形方程确定横坐标 $(x_{j,i}^0,y_{j,i}^0)$ 对应的高度坐标即 $z_{j,i}^0$，并按照下式确定实际被测非球面子孔径上的点的坐标：

$$\begin{bmatrix} x_{j,i} & y_{j,i} & z_{j,i} \end{bmatrix}^T = \begin{bmatrix} x_{j,i}^0 & y_{j,i}^0 & z_{j,i}^0 \end{bmatrix}^T + \begin{bmatrix} \varphi_{j,i} - a_{j,i} + r_i(u_{j,i}^2 + v_{j,i}^2) - z_{j,i} \end{bmatrix} \cdot n_{j,i} \tag{5-12}$$

式中，$n_{j,i}$ 是被测非球面镜的名义模型上点 $(x_{j,i}^0,y_{j,i}^0,z_{j,i}^0)$ 处的单位法向量；r_i 是对应子孔径 i 的离焦系数，需要由下面的优化算法确定；$a_{i,j}$ 是子孔径经过近零位补偿后的剩余像差；$Z_{j,i}$ 是用 Zernike 多项式表示的由于近零位补偿器失调引入的像差。对于同一圈上各个子孔径，因为近零位补偿器的失调相同，引入像差也相同，所以采用的 Zernike 多项式系数相同；而不同圈上的子孔径，其 Zernike 多项式系数不同。以凸双曲面 SiC 反射镜 (反射镜样件 1) 为例，对应中心子孔径、第一、二、三圈子孔径，需要分别采用四个具有不同系数的 Zernike 多项式表达。Zernike 多项式的系数需要由下面的优化算法确定。

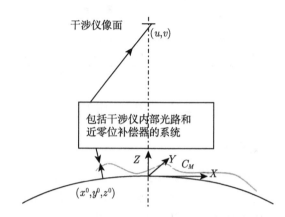

干涉仪像面

包括干涉仪内部光路和
近零位补偿器的系统

图 5.12　利用光学追迹确定子孔径的物像坐标对应关系

第二步：设实际测量子孔径相对非球面的模型坐标系存在位姿误差，令

$$f_i w_{j,i} = \left[\begin{array}{cccc} x_{j,i}^M & y_{j,i}^M & z_{j,i}^M & 1 \end{array}\right]^{\mathrm{T}} = g_i^{-1} \left[\begin{array}{cccc} x_{j,i} & y_{j,i} & z_{j,i} & 1 \end{array}\right]^{\mathrm{T}} \tag{5-13}$$

将测量数据变换到统一的模型坐标系 (全局坐标系) 中，其中

$$g_i = \exp\left(\sum_{t=1}^6 m_{t,i}\hat{\xi}_t\right) \tag{5-14}$$

是子孔径 i 的 6 自由度位姿变换矩阵，初始矩阵由子孔径布局给定，之后则由优化算法确定。在全局坐标系中根据 $(x_{j,i}^M, y_{j,i}^M z_{j,i}^M)$ 坐标，利用 XOY 坐标平面上投影点的包容关系，可确定子孔径测量数据之间的**重叠区域**。

第三步：计算重叠区域中子孔径测量数据的偏差，求解最小二乘问题

$$\sigma_0^2 = \sum_{i=1}^{s-1}\sum_{k=i+1}^{s}\sum_{j_0=1}^{^{ik}N_0}\left(\langle f_k \cdot {}^{ik}w_{j_0,k} - {}^{ik}h_{j_0,k}, {}^{ik}n_{j_0,k}\rangle\right.$$
$$\left. - \langle f_i \cdot {}^{ik}w_{j_0,i} - {}^{ik}h_{j_0,k}, {}^{ik}n_{j_0,k}\rangle\right)^2 / N_0 \tag{5-15}$$

其中，${}^{ik}h_{j_0,k}$ 和 ${}^{ik}n_{j_0,k}$ 分别是子孔径 i 与子孔径 k 的重叠区域上的测量点到被测非球面镜的名义模型的投影点和该点处的单位法向量。由上式获得位姿变换矩阵 g_i 和离焦系数 r_i。这一过程可以利用线性化得到线性最小二乘问题后求解。

求解后重复第二步与第三步，即依次计算新的位姿变换矩阵下的重叠区域，与求解新的重叠区域下的最小二乘问题，通过迭代优化，最终得到最优的位姿变换矩阵 g_i 和离焦系数 r_i，从而将所有子孔径测量数据正确变换到模型坐标系中，

并获得被测镜的全口径面形误差，实现拼接优化目的。详细的求解算法请参考文献 [18–23].

5.4.2 凸非球面近零位拼接算法的仿真验证

以高次凸非球面反射镜样件 2 为例，当子孔径存在 0.2mm 偏心时，不同离轴位置子孔径引入像差如图 5.13 所示。采用拼接算法得到全口径面形残差为 0.020λ PV 和 0.003λ RMS，如图 5.14 所示。

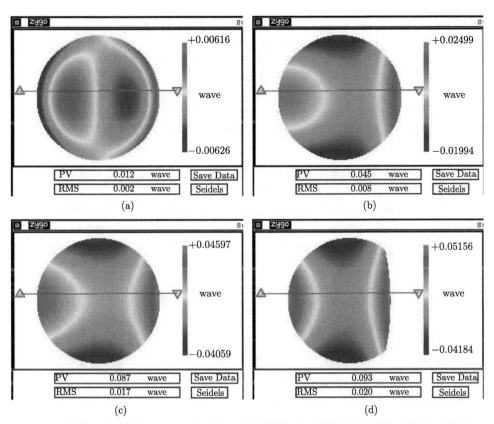

图 5.13　高次凸非球面存在 0.2mm 偏心时的子孔径引入像差 (扫描封底二维码可看彩图)

(a) 中心子孔径; (b) 第一圈离轴子孔径; (c) 第二圈离轴子孔径; (d) 边缘离轴子孔径

表 5.4 列出了被测镜不同失调情况下应用近零位子孔径拼接算法得到的全口径面形残差，被测镜存在亚毫米级或 1 角分级的失调量时，拼接算法的残差优于 λ/100 RMS。

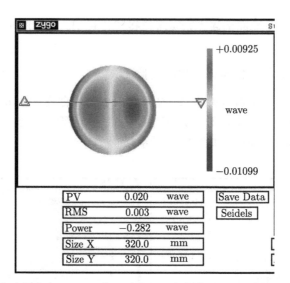

图 5.14　高次凸非球面存在 0.2mm 偏心时的子孔径拼接残差 (扫描封底二维码可看彩图)

表 5.4　高次凸非球面在不同失调情况下的拼接残差 (λ=632.8nm)

失调量	被测镜			
	X 偏移 0.2mm	Y 偏移 0.2mm	绕 X 倾斜 0.02°	绕 Y 倾斜 0.02°
拼接残差	0.020λ PV	0.019λ PV	0.036λ PV	0.116λ PV
	0.003λ RMS	0.003λ RMS	0.007λ RMS	0.010λ RMS

5.5　可变补偿拼接测量工作站样机

5.5.1　近零位子孔径的光学装调公差

以高次非球面 (反射镜样件 2) 为例，利用近零位子孔径测试的光学模型，仿真存在不同的运动误差 (子孔径失调) 下引入的像差，结果列于表 5.5。

根据被测面的检测精度要求，确定子孔径引入像差不超过 0.05λ PV 是可以接受的，也与干涉仪参考镜头的参考面精度 (λ/20 PV) 相当。同时考虑表 5.4 中子孔径拼接算法的收敛性能，能够在较大对准误差范围内收敛到正确的结果，算法残差满足精度要求，因此最终确定达到子孔径拼接算法的初始值条件要求的子孔径失调容差为：被测镜 X 偏移 ±0.1mm，Y 偏移 ±0.05mm，绕 X 倾斜 ±1′，绕 Y 倾斜 ±1′；CGH 的 X 偏移 ±0.03mm，Y 偏移 ±0.03mm，绕 X 倾斜 ±5′，绕 Y 倾斜 ±5′，回转精度 ±30″。

利用近零位测试的光学模型，还可以仿真得到不同的运动误差 (子孔径失调) 下引入的像差分量大小，例如，用 Zernike 多项式描述的像差系数，从而反过来在实际的子孔径测量过程中，根据子孔径实际像差的 Zernike 系数大小，估计子孔径的失调量，作为子孔径对准运动的依据，实现子孔径测量运动控制。

表 5.5　不同子孔径失调引入的像差 (λ=632.8nm)

子孔径失调		中心	第一圈	第二圈	第三圈
被测镜	X 偏移 0.2mm	0.012λ PV; 0.002λ RMS	0.045λ PV; 0.008λ RMS	0.087λ PV; 0.017λ RMS	0.093λ PV; 0.020λ RMS
	Y 偏移 0.2mm	0.012λ PV; 0.002λ RMS	0.048λ PV; 0.008λ RMS	0.087λ PV; 0.016λ RMS	0.130λ PV; 0.022λ RMS
	绕 X 倾斜 0.02°	0.021λ PV; 0.004λ RMS	0.084λ PV; 0.015λ RMS	0.150λ PV; 0.028λ RMS	0.217λ PV; 0.037λ RMS
	绕 Y 倾斜 0.02°	0.022λ PV; 0.004λ RMS	0.080λ PV; 0.015λ RMS	0.149λ PV; 0.029λ RMS	0.149λ PV; 0.032λ RMS
CGH	X 偏移 0.05mm	0.136λ PV; 0.028λ RMS	0.136λ PV; 0.028λ RMS	0.136λ PV; 0.028λ RMS	0.137λ PV; 0.026λ RMS
	Y 偏移 0.05mm	0.135λ PV; 0.028λ RMS	0.135λ PV; 0.028λ RMS	0.135λ PV; 0.028λ RMS	0.111λ PV; 0.023λ RMS
	绕 X 倾斜 0.1°	0.049λ PV; 0.008λ RMS	0.053λ PV; 0.009λ RMS	0.054λ PV; 0.009λ RMS	0.040λ PV; 0.007λ RMS
	绕 Y 倾斜 0.1°	0.049λ PV; 0.008λ RMS	0.053λ PV; 0.008λ RMS	0.055λ PV; 0.009λ RMS	0.048λ PV; 0.007λ RMS
	回转误差 0.01°	0.091λ PV; 0.018λ RMS	0.091λ PV; 0.018λ RMS	0.091λ PV; 0.018λ RMS	0.061λ PV; 0.013λ RMS

5.5.2　拼接测量工作站样机的运动学建模

为了实现大口径凸非球面反射镜的子孔径测量，设计了如图 5.15 所示的面形检测工作站样机。其中干涉仪与近零位补偿器一起具有 X、Y、Z 三轴平移名义运动，调整其相对被测镜的位置；被测镜具有绕升降轴 Y 的偏摆轴 B 和绕光轴的回转轴 C 两个名义运动；近零位补偿器的两个 CGH 具有两个相向回转的名义运动，因此样机共有 7 轴名义运动。此外，为了将干涉仪、近零位补偿器与被测镜相互对准，还需要位置和姿态的微调。如果被测镜为平面镜，则只需要干涉仪的 X、Y 两轴平移运动。

根据上述运动拓扑关系，可建立工作站样机的运动学模型。样机实际上是一个串联机器人结构：被测镜面 $\to$ C 转台 (被测镜回转) $\to$ B 转台 (被测镜偏摆) $\to$ 机床基础 $\to$ Z (水平光轴方向) $\to$ X(水平面内垂直于 Z 的方向) $\to$ Y (垂直轴) $\to$ 干涉仪。建立坐标系如下：基础坐标系建立在 B 转台与 C 转台轴线交点，Z 轴为光轴，Y 轴为竖直方向；工件坐标系{M}原点在镜面顶点，初始位置 XYZ 轴与基础坐标系平行；干涉仪 (测量) 坐标系{W}原点在干涉仪标准平面镜头参考面的中心上, 从参考面到被测镜的坐标变换与双回转 CGH 有关, 通过 Zemax 追迹确定。

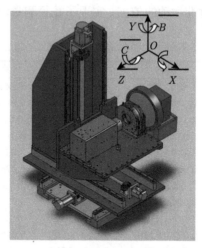

图 5.15　面形检测工作站样机的设计模型

正向运动学 (Forward Kinematics) 是求工件坐标系相对干涉仪坐标系的运动变换。根据机器人运动学, 测量坐标系相对基础坐标系的位形为

$$g_W = \exp\left(\hat{\xi}_z z\right) \exp\left(\hat{\xi}_x x\right) \exp\left(\hat{\xi}_y y\right) g_0 = \begin{bmatrix} 1 & 0 & 0 & x \\ 0 & 1 & 0 & y \\ 0 & 0 & 1 & z \\ 0 & 0 & 0 & 1 \end{bmatrix} g_{01} \tag{5-16}$$

工件坐标系相对基础坐标系的位形为

$$g_M = \exp\left(\hat{\xi}_b b\right) \exp\left(\hat{\xi}_c c\right) g_{02} \tag{5-17}$$

所以工件坐标系相对测量坐标系的运动变换为

$$g_i = g_W^{-1} g_M = g_{01}^{-1} \begin{bmatrix} 1 & 0 & 0 & -x \\ 0 & 1 & 0 & -y \\ 0 & 0 & 1 & -z \\ 0 & 0 & 0 & 1 \end{bmatrix} \exp\left(\hat{\xi}_b b\right) \exp\left(\hat{\xi}_c c\right) g_{02} \tag{5-18}$$

其中

$$\xi_x = \begin{bmatrix} 1 & 0 & 0 & 0 & 0 & 0 \end{bmatrix}^{\mathrm{T}}, \quad \xi_y = \begin{bmatrix} 0 & 1 & 0 & 0 & 0 & 0 \end{bmatrix}^{\mathrm{T}}$$

$$\xi_z = \begin{bmatrix} 0 & 0 & 1 & 0 & 0 & 0 \end{bmatrix}^{\mathrm{T}}, \quad \xi_b = \begin{bmatrix} 0 & 0 & 0 & 0 & 1 & 0 \end{bmatrix}^{\mathrm{T}}$$

$$\xi_c = \begin{bmatrix} 0 & 0 & 0 & 0 & 0 & 1 \end{bmatrix}^{\mathrm{T}}, \quad g_{01} = \begin{bmatrix} 1 & 0 & 0 & 0 \\ 0 & 1 & 0 & y_1 \\ 0 & 0 & 1 & z_1 \\ 0 & 0 & 0 & 1 \end{bmatrix}, \quad g_{02} = \begin{bmatrix} 1 & 0 & 0 & 0 \\ 0 & 1 & 0 & 0 \\ 0 & 0 & 1 & z_2 \\ 0 & 0 & 0 & 1 \end{bmatrix}$$

式中，y_1 和 z_1 分别为 TF 中心到 B、C 转台轴线交点沿着 Y 方向和 Z 方向的距离 (TF 中心不在工件坐标系 Z 轴上，因为 CGH 相位板有 Tilt-X=1°，可取第一相位板靠近干涉仪的一面中心到 B、C 转台轴线交点的距离，相当于测量坐标系建立在 TF 中心往镜面方向移动到第一相位板靠近干涉仪的一面中心位置)；z_2 为镜面顶点到 B、C 转台轴线交点的距离 (在 Z 轴上)。

逆向运动学 (Inverse Kinematics) 是已知工件坐标系相对测量坐标系的运动变换，求各轴运动量。其中子孔径划分时已经确定 B 转角 b 和 C 转角 c 以及双回转相位板的回转角度。

根据 Zemax 子孔径划分模型可得到测量坐标系原点在工件坐标系中的坐标，假设为 (x_0, y_0, z_0)，根据式 (5-18)，测量坐标系原点变换到工件坐标系中的坐标与之相等，即

$$g_i^{-1} \begin{bmatrix} 0 \\ 0 \\ 0 \\ 1 \end{bmatrix} = g_{02}^{-1} \exp\left(-\hat{\xi}_c c\right) \exp\left(-\hat{\xi}_b b\right) \begin{bmatrix} 1 & 0 & 0 & x \\ 0 & 1 & 0 & y \\ 0 & 0 & 1 & z \\ 0 & 0 & 0 & 1 \end{bmatrix} g_{01} \begin{bmatrix} 0 \\ 0 \\ 0 \\ 1 \end{bmatrix} = \begin{bmatrix} x_0 \\ y_0 \\ z_0 \\ 1 \end{bmatrix} \tag{5-19}$$

即

$$\begin{bmatrix} 1 & 0 & 0 & x \\ 0 & 1 & 0 & y + y_1 \\ 0 & 0 & 1 & z + z_1 \\ 0 & 0 & 0 & 1 \end{bmatrix} = \exp\left(\hat{\xi}_b b\right) \exp\left(\hat{\xi}_c c\right) \begin{bmatrix} x_0 \\ y_0 \\ z_0 + z_2 \\ 1 \end{bmatrix} \tag{5-20}$$

据此可求得 x、y、z。

5.5.3 拼接测量工作站样机的光机一体化设计

近零位子孔径测量时，需要调整波面干涉仪、由双回转 CGH 构成的近零位补偿器以及被测镜三者之间的相对位置和姿态，使得子孔径处于正确的近零位测试状态。检测工作站正是为近零位子孔径测量提供这样的多轴运动平台，如图 5.16 所示[24]，以干涉仪镜头为基准建立空间三维直角坐标系，光轴为 Z 轴，水平方向为 X 轴，竖直方向为 Y 轴。CGH 板的相向回转通过高精度中空转台实现，CGH 及其双回转转台与干涉仪一起，具有 X 方向、Y 方向和 Z 方向的三轴数控运动自

由度；被测镜具有绕自身光轴的回转和绕 Y 轴的偏摆运动自由度，由数控双转台实现。理论上测量系统中干涉仪、CGH、中空转台、被测镜、数控双转台之间均需要 6 自由度对准。其中干涉仪发出准直光束入射到可变补偿器上，因此干涉仪与可变补偿器之间只需要 4 自由度调整，即沿 X 轴、Y 轴的二维平移和绕 X 轴、Y 轴的二维倾斜 (绕 X 轴的倾斜为俯仰调整，绕 Y 轴的倾斜为偏摆调整)。每个 CGH 相对其中空转台也有 4 自由度调整要求 (沿 X 轴、Y 轴的二维平移和绕 X 轴、Y 轴的二维倾斜)，两个中空转台之间也有上述 4 自由度调整要求。被测镜相对数控双转台的 4 自由度位姿调整通过装夹螺钉实现，数控双转台相对干涉仪只有 X 方向、Y 方向和 Z 方向的位置调整和绕 X 轴的俯仰调整需求，其中位置调整由三轴数控运动实现。

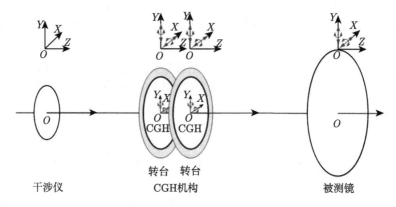

图 5.16　面形检测工作站样机的装调自由度需求

近零位补偿器的核心器件是两个 CGH 相位板，以及提供双回转运动的一对转台。近零位补偿器置于干涉仪与被测凸非球面之间，其光机设计的基本要求如下。

(1) 双回转转台必须是中空 (透光) 的，中空孔径大于 100mm，并且根据近零位补偿器的光学设计模型，确定转台的轴向厚度不应超过 40mm。

(2) 每个 CGH 通过夹持机构安装到转台台面上，要求夹持机构具备 X 轴、Y 轴二维平移和绕 X 轴、Y 轴的二维倾斜微调，以对准转台轴线；同时为了减小占用光路空间，夹持机构的轴向厚度应尽量小。

(3) 两个转台的轴线通过设计定位基准对中，转台及其 CGH 组件需具备绕 X 轴、Y 轴的二维倾斜微调，以对准干涉仪光轴 (由于采用平面测试光束，不需要 X 轴、Y 轴二维平移微调)。

面形检测工作站样机是在已有的非零位子孔径拼接测量装置[25]基础上进行重新配置与改造。其中干涉仪与近零位补偿器一起具有 X、Y、Z 三轴平移名义运动，调整其相对被测镜的位置；被测镜采用双数控转台组合形式，具有绕升降轴 Y

的偏摆轴 B 和绕光轴的回转轴 C 两个名义运动；近零位补偿器的两个 CGH 具有两个相向回转的名义运动，因此样机共有 7 轴名义运动。此外，为了将干涉仪、近零位补偿器与被测镜相互对准，还增加了位置和姿态的多自由度微调。

根据样机的拓扑构型以及装调公差分析结果，设计了 CGH 相位板的紧凑型四维微调机构，采用外环、中环和内环共面布局形式，实现 X 方向、Y 方向偏心调节和绕 X 方向和 Y 方向的倾斜调节。根据 CGH 相位板相对回转产生可变补偿效果的功能需要，两板之间需保持 5mm 左右的距离，双 CGH 与被测镜的间距约 100mm，每块 CGH 对应的安装和调整机构在光轴方向的调整空间非常狭小。同时，CGH 板的口径为 4in，要求调整机构具有大中心通孔。根据上述特点，CGH 板的四维调整机构采用光轴方向薄壁、大中心孔径的环式设计，如图 5.17 所示。在 CGH 板所在平面设置三个刚性同心圆环，内环用于安装 CGH 板，板两侧分别通过孔肩和螺纹卡圈固定，外环用于整个机构的固定支撑，中环通过调整螺钉衔接内外两环。对 CGH 板的四维调整分别通过四对调整螺钉进行操作，在垂直于光轴的二维平面内，内环的平移调整螺钉和倾斜调整螺钉分别实现沿水平轴 (X 轴) 的平移调整和绕该轴的倾斜调整，中环的平移调整螺钉和倾斜调整螺钉对应实现关于竖直轴 (Y 轴) 的二维调整。该设计的中环平移范围为 ± 4mm，内环平移范围为 ± 5mm，中环倾斜调整范围为 $\pm 1^\circ$，内环倾斜调整范围为 $\pm 1.4^\circ$。

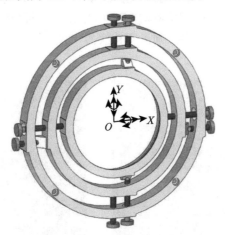

图 5.17　CGH 板的四维调整机构

双 CGH 相位板的回转则通过精密电控薄型中空转台 (选用美国 IntelLiDrives 公司的直驱超薄型 ACR-106UT) 实现，双转台本身轴线需要具备相互平行和中心对准的功能，因此为其配备沿 X 轴、Y 轴平移及绕 X 轴、Y 轴倾斜的四维调整机构。为使双转台整体与干涉仪光轴对准，同样需要二维平移和二维倾斜调整，如图 5.18 所示。

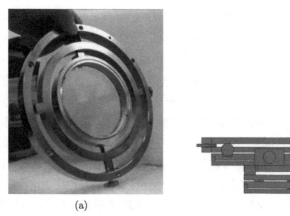

(a)　　　　　　　　　　　　　　　　　　(b)

图 5.18　近零位补偿器组件

(a) CGH 实物; (b) 近零位补偿器装调机构

5.5.4　近零位补偿条件下的子孔径测量对准

工作站样机在近零位子孔径测量时的光学对准步骤如下。

(1) 首先将 CGH 轴线与转台轴线对准, 同时保证两 CGH 轴线对准。如图 5.19(a) 所示, 干涉仪显示器上存在四组反射光点, 分别是两 CGH 的 0 级和 +1 级反射光点。通过 CGH 调整机构, 将两 CGH 的 0 级反射光点调节至重合并且在转台回转时能够保持不画圈, 则说明补偿器 CGH 相对转台的倾斜已经调节好; 否则反复调节完成上述目标。

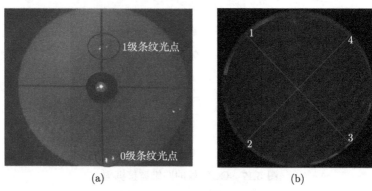

(a)　　　　　　　　　　　　　　　　　　(b)

图 5.19　CGH 与转台对准

(a) CGH 反射形成的光点; (b) 对准小孔

(2) 调节 CGH 与转台轴线的偏心量。将图 5.19(a) 中的 +1 级条纹光点调节到十字叉丝中间且与干涉仪镜头光点重合, 得到对准图样条纹, 见图 5.19(b)。通过观察 CGH 上的对准孔的连线中心是否在转台旋转时保持画圈, 来判断 CGH 与转台轴线偏心是否对准,如果不画圈,则说明完成了 CGH 与转台轴线重合;否则继续调节 CGH 调整机构完成上述目标。

(3) 调节被测镜与转台轴线对准。测试光在被测镜表面会形成反射光点在显示器上出现,由于为非球面,当转台回转时,偏心或倾斜都会引起光点画圈,此时可以通过调节被测镜夹具上的调节螺钉,使反射光点能够不随转台回转而画圈,说明被测镜与回转转台轴对准。此时可以看到被测镜连续回转一周时,总能有近零位干涉条纹,说明干涉仪光轴与被测镜光轴大致对准,满足测量要求。

5.6　大口径凸非球面的可变补偿拼接测量实例

5.6.1　凸非球面反射镜样件的背面透过补偿检验

为提供考核凸非球面反射镜样件的拼接测量指标的有效手段,采用传统补偿检验方法 —— 背面透过补偿检验作为互检参考。被测凸非球面反射镜样件为高次凸非球面,镜体为平凸结构,材料为德国肖特的熔融石英,有效口径为 320mm,顶点曲率半径 R=1023.762mm (相对口径 1:1.6),二次常数 k=0,4 次项系数为 1.868×10^{-10},6 次项系数为 5.48×10^{-16}。受高次项的影响,该凸非球面背面透过的像差性质与扁球面 ($e^2<0$) 类似,边缘光线交点离非球面顶点更近,而中心光线的交点离顶点更远。这种性质主要由高次项的正负号决定,无论凸面迎光还是背光都是正球差。因此补偿检验要用凹透镜 (负的光焦度),只能在曲率中心之前 (曲率中心与被测面之间),无法加场镜,只用单透镜与传统的 Offner 两片透镜式补偿器效果相同。

根据上述性质,利用 Zemax 设计补偿检验光路见图 5.20。干涉仪发出的球面波穿过补偿器的两个面及被测镜的背面,在被测面附近产生凸非球面波前,垂直入射到理想非球面表面,反射后沿原光路返回干涉仪。补偿器采用 H-K9L 玻璃材料,口径为 Φ150mm,有效口径为 Φ136mm。凸面曲率半径为 467.8mm,凹面曲率半径为 230.64mm,中心厚度为 30mm。点光源到补偿器凸面距离为 393.04mm,补偿器凹面到被测镜距离为 396.589mm。补偿后中心视场剩余像差 PV 值为 0.0472λ,RMS 值为 0.0117λ。

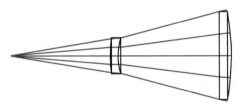

图 5.20　背面透过补偿检验光路设计

被测凸非球面镜和补偿器的中心厚度采用 LENSCAN 间隙仪测得，基于短相干原理，测量精度可达到 1μm；补偿器两个表面的曲率半径采用球径仪测得，被测凸非球面镜的背平面和补偿器的面形误差用波面干涉仪测得，如图 5.21 所示。

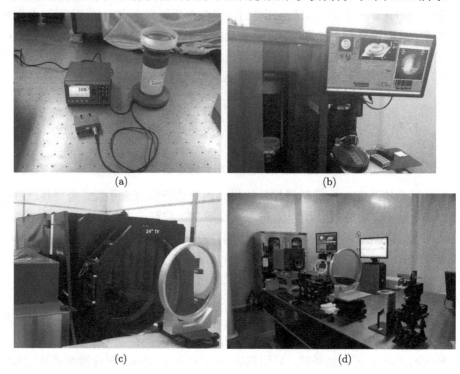

图 5.21　背面透过补偿检验的误差监控

(a) 球径仪测量曲率半径; (b) 干涉仪测量面形与曲率半径; (c) 大口径干涉仪测量平面面形;
(d) 间隙仪监控中心距离

被测凸非球面镜的背平面和补偿器的面形误差通过 Zemax 仿真从波像差测量结果中分离出来。测量时通过间隙仪精确控制点光源、补偿器和被测凸非球面镜的中心距离，由于距离不确定性引入的误差可以忽略。名义距离是 514.493mm，实测距离是 514.496mm。然后监控补偿器到被测凸非球面反射镜背面的中心距离；名义距离是 396.581mm，实测距离是 396.582mm。

由于背面透过补偿检验结果与凸非球面的面形误差存在 $-1/n$ 的倍数关系，其中 n 为被测镜在 $\lambda=632.8$nm 下的折射率，因此测量结果还需乘以 -0.686，才能得到凸非球面的面形误差。

5.6.2　多模式误差图的配准

测量结果通常是同一个表面误差的误差图形式，因为获取方法或仪器不同，这些误差图是多模式的 (Multimodal)。为实现定量比较, 要求对两幅图进行仔细的物理对准。但是物理配准比较困难、耗时而且有时候配准误差较大而不能忽略, 很多时候只能定性比较两个结果的相似性。因此为实现定量比较, 误差图需要自动配准, 然后才能计算点对点偏差。两幅图形的配准在数学上是通过最小化点对点偏差的平方和实现的 [26]。

假设所有误差图都将高度方向的误差分布投影到某个平面上, 例如, 垂直于被测面几何轴线的平面; 在生成误差图之前已经校正了可能存在的图像畸变, 如补偿检验中存在的畸变。这样只需要考虑两幅误差图的常数项、倾斜、X 方向和 Y 方向横移、回转 (绕像平面法线回转) 和变比例。变比例使其成为非刚性配准问题, 考虑到图像尺寸标定即标定传感器像素与被测面之间的尺寸对应关系时的不确定性, 必须包含变比例。因为只包含刚体变换和变比例, 光学误差图配准是非刚性图形配准的特例。

失调可用刚体变换和比例变换建模, 用齐次坐标表示为 4×4 矩阵, 是变换参数的非线性函数。然而在假设失调量充分小时, 高度方向上的误差变化 Δz 与常数项和倾斜有自然联系:

$$\Delta z_1 = a + bx + cy \tag{5-21}$$

其中, a, b, c 分别是常数项、X 方向倾斜系数和 Y 方向倾斜系数; (x, y) 是误差图的横向坐标。误差随横移的变化可通过其斜率推导:

$$\Delta z_2 = s\frac{\partial z}{\partial x} + t\frac{\partial z}{\partial y} \tag{5-22}$$

其中, s 和 t 是横移系数; 偏导数为 X 方向和 Y 方向斜率。回转和变比例均通过改变横向坐标而引起高度方向的误差变化, 也可通过斜率建立关联。

因此, 所有失调量系数均可与误差变化线性相关:

$$\Delta z = a + bx + cy + \theta\left(x\frac{\partial z}{\partial y} - y\frac{\partial z}{\partial x}\right) + \gamma\left(x\frac{\partial z}{\partial x} + y\frac{\partial z}{\partial y}\right) \tag{5-23}$$

其中, θ 为绕 Z 轴回转角度; γ 为相对比例变化。

利用上述线性关系, 可将两幅误差图的配准描述为线性最小二乘问题。假设两幅误差图用离散点集 $\{(x_{i,1}, y_{i,1}, z_{i,1})\}$ 和 $\{(x_{j,2}, y_{j,2}, z_{j,2})\}$ 描述, 首先利用凸包确定对应点对 $\{(x_{j_0,1}, y_{j_0,1}, z_{j_0,1})\}$ 和 $\{(x_{j_0,2}, y_{j_0,2}, z_{j_0,2})\}$, 然后通过最小化点对点偏差平方和实现配准, 消除失调的影响:

$$\min \sum_{j_0=1}^{N_0} \left(z_{j_0,1} + \Delta z_{j_0,1} - z_{j_0,2}\right)^2 \tag{5-24}$$

其中, $\Delta z_{j_0,1}$ 由式 (5-23) 给出; N_0 为对应点对的总数。

不同测量结果之间的量化评价可以直接用误差图两两配准后点对点求差的 RMS 等指标，也可以采用结构相似性指数 (Structural Similarity Index，SSIM Index)，得到不同测量结果的相似指数 S_k，表征面形的总体相似程度。参数简化的图像结构相似性指数的定义为 [27]

$$S_k\left(m,n\right)=\frac{\left(2\mu_m\mu_n+C_1\right)\left(2\sigma_{mn}+C_2\right)}{\left(\mu_m^2+\mu_n^2+C_1\right)\left(\sigma_m^2+\sigma_n^2+C_2\right)} \tag{5-25}$$

其中，μ_m、μ_n 分别代表两图的灰度均值；σ_m、σ_n 分别代表两图的灰度标准差；常数 $C_1=(K_1L)^2$，$C_2=(K_2L)^2$，$K_1\ll1$，$K_2\ll1$，一般取 $K_1=0.01$，$K_2=0.03$，L 是图像灰度范围，对于 8 位灰度图 $L=255$。

5.6.3   凸非球面反射镜样件的面形测量验证

近零位子孔径拼接测量方案如图 5.22 所示，通过一对相向回转的 CGH 相位板构成可变补偿器，在改进设计后的面形检测工作站上完成凸非球面的 37 个子孔径测量 (中心子孔径及边缘三圈离轴子孔径)。

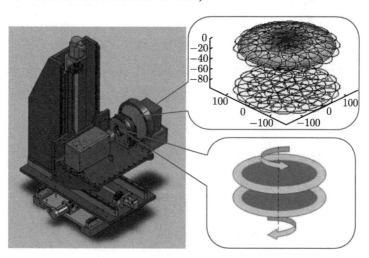

图 5.22   近零位子孔径拼接测量方案

近零位子孔径拼接测量现场如图 5.23 所示，中心和三圈离轴子孔径对应的 CGH 相向回转角度分别为 $0°$、$0.62°$、$2.17°$、$4.74°$。图 5.24 为第二圈和第三圈离轴子孔径的测量结果，其中包含了近零位补偿后的剩余像差以及失调引入的像差。为了对比验证近零位补偿器的补偿效果，测量 CGH 不回转 (此时几乎没有补偿作用) 时的子孔径像差，第二圈和第三圈离轴子孔径的测量结果见图 5.25。与图 5.24 对比可以看出显著的像差补偿效果。图 5.25(b) 中最外圈子孔径的干涉图已无法解析，而相向回转这一对 CGH 可将条纹有效减少到 8 条。

图 5.23 近零位子孔径拼接测量现场

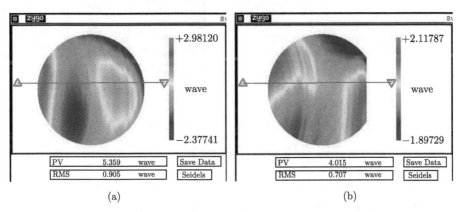

(a)   (b)

图 5.24 近零位子孔径测量结果 (扫描封底二维码可看彩图)

(a) 第二圈离轴子孔径; (b) 第三圈离轴子孔径

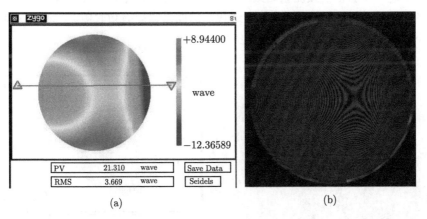

(a)   (b)

图 5.25 近零位补偿器无补偿时的子孔径像差 (扫描封底二维码可看彩图)

(a) 第二圈离轴子孔径; (b) 第三圈离轴子孔径

　　该反射镜样件的初始面形误差较大，采用背面透过补偿检验不能很好地解析干涉条纹，因此还通过正面补偿检验获得参考结果，以评价面形检测工作站样机的测量精度。正面补偿检验光路如图 5.26 所示，非球面补偿器透镜采用平凸结构，凸面为高次非球面。干涉仪发出的平行光从补偿器凸面入射，经被测面反射后沿原路返回，剩余像差 PV 0.0030λ，RMS 0.0005λ。补偿器本身的透过波前测量还需要 Offner 补偿器。

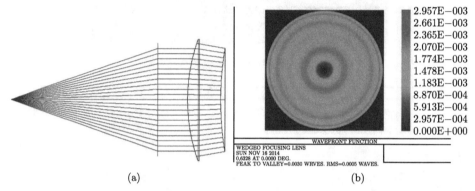

(a)　　　　　　　　　　　　　　　　(b)

图 5.26　正面补偿检验光路 (扫描封底二维码可看彩图)

(a) 光路布局; (b) 剩余像差

　　图 5.27(a) 为正面补偿检验现场照片; (b) 为正面补偿检验结果; (c) 是近零位子孔径拼接检验结果，与正面补偿检验结果基本一致; (d) 是背面透过补偿检验结果，因为初始面形误差较大导致条纹不能解析。

　　为了进一步验证拼接测量结果的正确性，首先对面形进行光顺加工，然后依据拼接测量结果进行确定性修形，加工迭代后的面形误差有效收敛。当面形误差收敛到较小数值后，可用背面透过补偿检验。

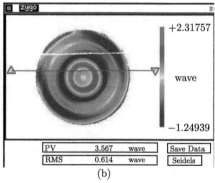

(a)　　　　　　　　　　　　　　　　(b)

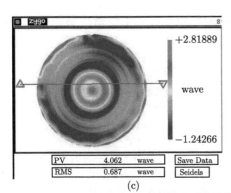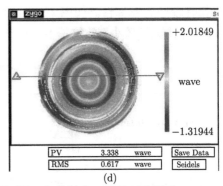

图 5.27 凸非球面初始面形测量结果对比 (扫描封底二维码可看彩图)

(a) 正面补偿检验现场; (b) 正面补偿检验结果; (c) 近零位子孔径拼接检验结果; (d) 背面透过
补偿检验结果

5.6.4 近零位子孔径拼接的失调像差分离方法

目前大多数拼接算法都是针对没有补偿器的非零位子孔径测试数据进行优化拼接的, 被测镜的失调引入像差能够通过理论分析或光线追迹进行准确建模。但是由于近零位补偿器的引入, 其子孔径测量数据中除了面形误差、被测镜失调引入像差, 还耦合了补偿器失调引入像差; 并且失调像差与面形误差在表现上可能完全一样, 例如, 全口径上回转对称的球差分量对应子孔径上就是以像散和彗差为主, 与失调像差一样。因此非球面近零位子孔径拼接的难题是失调像差与面形误差的分离, 这也是当前算法难以准确获得球差分量、精度受限的重要原因。

通过仿真发现, 补偿器或被测面失调引入像差的特性有所不同。表 5.6 列出了补偿器中 CGH1 失调引入像差用 Zernike 多项式拟合后的系数, 前四项 $Z_0 \sim Z_3$ 分别是常数项、俯仰、倾斜和离焦, 对于非球面可以不考虑。$Z_4 \sim Z_7$ 分别是 $0°$ 像散、$45°$ 像散、X/Y 彗差。CGH2 的失调像差与之类似。

近零位补偿器相同的失调量对所有子孔径所引入的像差是相同的, 与子孔径离轴量无关。与之形成鲜明对比的是, 被测面失调引入像差随着子孔径离轴量增大而增大, 中心子孔径最不敏感。因此, 可利用补偿器初始状态进行预校准, 分离补偿器失调引入的像差, 之后通过拼接优化分离被测镜失调像差。具体步骤如下所述。

(1) 令补偿器的双回转 CGH 的回转角度为 0, 对应初始状态下测量一个预先校准好的镜面。因为被测面中心子孔径失调引入像差可以忽略, 测量数据除了预先已知的面形误差外, 就是补偿器失调引入像差, 因而可以预先校准。简单起见, 也可以直接利用被测凸非球面的中心子孔径进行预校准。

(2) 子孔径测量状态应尽可能与仿真计算近零位补偿的状态一致, 对应干涉条纹具有较好的对称性。如图 5.28(a) 对应失调较大时，干涉条纹明显不对称；图 5.28(b) 为失调较小、条纹基本对称分布的情形。

表 5.6　近零位补偿器失调引入的像差系数

失调		Zernike 多项式系数 (单位 λ=632.8 nm)
CGH1 沿 X 偏心 0.1mm	中心子孔径	$Z_4=-2.932\times10^{-5}$, $Z_5=0.2785$
	第一圈	$Z_4=-6.594\times10^{-3}$, $Z_5=0.2785$
	第二圈	$Z_4=-2.188\times10^{-2}$, $Z_5=0.2777$
	第三圈	$Z_4=-4.647\times10^{-2}$, $Z_5=0.2746$
CGH1 沿 Y 偏心 0.1mm	中心子孔径	$Z_4=-0.2786$, $Z_5=3.141\times10^{-5}$
	第一圈	$Z_4=-0.2785$, $Z_5=-6.526\times10^{-3}$
	第二圈	$Z_4=-0.2777$, $Z_5=-2.175\times10^{-2}$
	第三圈	$Z_4=-0.2746$, $Z_5=-4.619\times10^{-2}$
CGH1 绕 X 旋转 0.1°	中心子孔径	$Z_4=-4.239\times10^{-2}$, $Z_5=-1.623\times10^{-2}$
	第一圈	$Z_4=-4.226\times10^{-2}$, $Z_5=-1.623\times10^{-2}$
	第二圈	$Z_4=-4.189\times10^{-2}$, $Z_5=-1.619\times10^{-2}$
	第三圈	$Z_4=-4.119\times10^{-2}$, $Z_5=-1.610\times10^{-2}$
CGH1 绕 Y 旋转 0.1°	中心子孔径	$Z_5=-4.067\times10^{-2}$, $Z_6=1.465\times10^{-2}$
	第一圈	$Z_5=-4.051\times10^{-2}$, $Z_6=1.467\times10^{-2}$
	第二圈	$Z_5=-4.007\times10^{-2}$, $Z_6=1.472\times10^{-2}$
	第三圈	$Z_5=-3.927\times10^{-2}$, $Z_6=1.477\times10^{-2}$
CGH1 绕 Z 回转 0.01°	中心子孔径	$Z_4=4.322\times10^{-2}$, $Z_6=7.703\times10^{-3}$
	第一圈	$Z_4=4.321\times10^{-2}$, $Z_6=7.701\times10^{-3}$
	第二圈	$Z_4=4.310\times10^{-2}$, $Z_6=7.695\times10^{-3}$
	第三圈	$Z_4=4.268\times10^{-2}$, $Z_6=7.675\times10^{-3}$
两个 CGH 间隙误差 1mm	中心子孔径	$Z_4=4.844\times10^{-2}$, $Z_5=8.731\times10^{-2}$, $Z_7=4.619\times10^{-2}$
	第一圈	$Z_4=4.718\times10^{-2}$, $Z_5=9.029\times10^{-2}$, $Z_7=4.631\times10^{-2}$
	第二圈	$Z_4=4.240\times10^{-2}$, $Z_5=9.260\times10^{-2}$, $Z_7=4.624\times10^{-2}$
	第三圈	$Z_4=3.420\times10^{-2}$, $Z_5=9.402\times10^{-2}$, $Z_7=4.592\times10^{-2}$

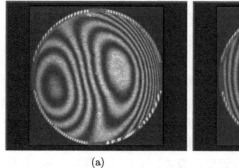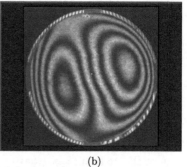

(a)　　　　　　　　　　　　　(b)

图 5.28　近零位子孔径的对准

(a) 失调较大的干涉条纹; (b) 失调较小的干涉条纹

(3) 干涉仪系统误差对于所有子孔径都是一样的，用 Zernike 多项式描述并在拼接优化时作为变量进行优化，实现系统误差自校准拼接。

(4) 被测面失调引入像差对于每个子孔径都是不同的，用位姿变换参数描述并在拼接优化时作为变量进行优化。以上两步与常规的非零位子孔径拼接算法类似，不再赘述。

为了验证上述拼接算法能够准确获得包括球差在内的面形误差，将拼接测量结果与背面透过补偿检验的结果进行比较。其中被测镜为前述高次凸非球面反射镜样件，面形精度通过确定性修形加工达到 $\lambda/4$ RMS；背面透过补偿检验采用 LENSCAN 低相干干涉仪监控轴向距离。图 5.29(a) 为没有进行失调像差分离的拼

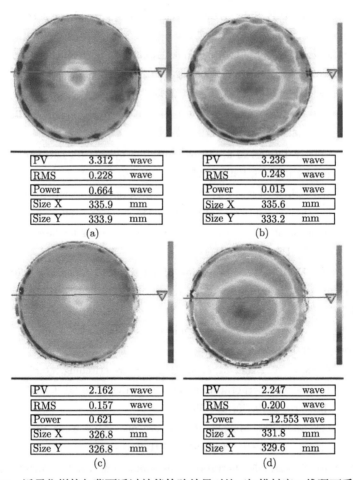

图 5.29 近零位拼接与背面透过补偿检验结果对比 (扫描封底二维码可看彩图)

(a) 没有误差分离的拼接结果; (b) 误差分离后的拼接结果; (c) 背面透过补偿检验 0.37mm 离焦; (d) 没有
离焦的背面透过补偿检验

接结果, 其球差分量是错误的, 与图 5.29(c) 所示存在 0.37mm 离焦时背面透过补偿检验结果相近; 通过误差校准与分离, 得到正确的拼接结果为图 5.29(b), 与图 5.29(d) 所示不存在离焦时背面透过补偿检验结果基本一致, 说明上述拼接算法可以获得包括球差在内的准确的面形误差分布。

参 考 文 献

[1] 杨力. 先进光学制造技术 [M]. 北京: 科学出版社, 2001: 27-106.

[2] Fruit M, Antoine P, Varin J, et al. Development of the SOFIA silicon carbide secondary mirror [C]. Proc. of SPIE, 2003, 4857: 274-285.

[3] Tricard M, Murphy P E. Subaperture stitching for large aspheric surfaces [C]. Talk for NASA Tech Day, 2005.

[4] Alvarez P, López-Tarruella J C, Rodriguez-Espinosa J M. The GTC project preparing the first light [C]. Proc. of SPIE, 2006, 6267: 626708-1~10.

[5] 苏定强. 2.16 米天文望远镜工程文集 [M]. 北京: 中国科学技术出版社, 2001.

[6] Rostalski H, Ulrich W. Refractive projection objective for immersion lithography [P]. US, Patent 6891596. May 10, 2005.

[7] Hudyma R S. High numerical aperture projection system for extreme ultraviolet projection lithography [P]. US, Patent 6072852. June 6, 2000.

[8] Wegner P, Auerbach J, Biesiada T, et al. NIF final optics system: frequency conversion and beam conditioning [C]. Proc. of SPIE, 2004, 5341: 180-189.

[9] Smith W S, Jones G W. Comparison of metrology methods for large astronomical secondary mirrors [C]. Proc. of SPIE, 1994, 2263: 243-252.

[10] Chen S, Dai Y, Li S, et al. Calculation of subaperture aspheric departure in lattice design for subaperture stitching interferometry [J]. Optical Engineering, 2010, 49(2): 023601-1~5.

[11] QED Technologies announces ASI^{TM} metrology system for aspheres. http://www.qedmrf.com, 2009-01-12.

[12] Tricard M, Kulawiec A, Bauer M, et al. Subaperture stitching interferometry of high-departure aspheres by incorporating a variable optical null [J]. CIRP Annals - Manufacturing Technology, 2010, 59: 547-550.

[13] Supranowitz C, McFee C, Murphy P. Asphere metrology using variable optical null technology [C]. Proc. of SPIE, 2012, 8416: 841604-1~5.

[14] Acosta E, Bará S. Variable aberration generators using rotated Zernike plates [J]. J. Opt. Soc. Am. A, 2005, 22(9): 1993-1996.

[15] Chen S, Zhao C, Dai Y, et al. Reconfigurable optical null based on counterrotating Zernike plates for test of aspheres [J]. Optics Express, 2014, 22(2): 1381-1386.

[16] 宋兵, 陈善勇, 王贵林. 基于双回转相位板的非球面子孔径测量技术 [J]. 光学学报, 2013, 33(11):1112007-1~6.

[17] Chen S, Dai Y, Li S, et al. Near-null compensator and figure metrology apparatus for measuring aspheric surfaces by subaperture stitching and measuring method thereof [P]. US, Patent 9115977B2. Aug. 25, 2015.

[18] Chen S, Li S, Dai Y. Subaperture Stitching Interferometry: Jigsaw Puzzles in 3D Space [M]. Bellingham: SPIE Press, 2016.

[19] Chen S, Xue S, Wang G, et al. Subaperture stitching algorithms: A comparison [J]. Optics Communications, 2017, 390: 61-71.

[20] Chen S, Xue S, Dai Y, et al. Subaperture stitching test of convex aspheres by using the reconfigurable optical null [J]. Optics & Laser Technology, 2017, 91: 175-184.

[21] Chen S, Zhao C, Dai Y, et al. Stitching algorithm for subaperture test of convex aspheres with a test plate [J]. Optics and Laser Technology, 2013, 49: 307-315.

[22] Chen S, Li S, Dai Y, et al. Iterative algorithm for subaperture stitching test with spherical interferometers [J]. Journal of the Optical Society of America A, 2006, 23(5): 1219-1226.

[23] Chen S, Li S, Dai Y. Iterative algorithm for subaperture stitching interferometry for general surfaces [J]. Journal of the Optical Society of America A, 2005, 22(9): 1929-1936.

[24] Li Y, Chen S, Song B, et al. Optomechanical design of near-null subaperture test system based on counter-rotating CGH plates [C]. Proc. of SPIE, 2014, 9282 92820I-1~7.

[25] Zeng S, Dai Y, Chen S. Subaperture stitching interferometer for large optics [C]. Proc. SPIE, 2009, 7281: 728109-1~6.

[26] Chen S, Dai Y, Nie X, et al. Parametric registration of cross test error maps for optical surfaces [J]. Optics Communications, 2015, 346: 158-166.

[27] Wang Z, Bovik A C, Sheikh H R, et al. Image quality assessment: from error visibility to structural similarity [J]. IEEE Transactions on Image Processing, 2004, 13(4): 1-14.

第6章 基于空间光调制器的可编程 CGH 补偿检测

CGH 通过光的衍射，原理上可以生成指定的任意复杂曲面波前，已经成为光学自由曲面干涉测量的首选补偿器。然而 CGH 是针对被测面进行像差平衡精确设计的，只能适用于单一的面形。为了灵活适应各种复杂面形的测量需求，人们更希望拥有一种可编程的补偿器，能够通过程序控制产生与任意被测面形匹配的测试波前。近年来空间光调制器 (Spatial Light Modulator，SLM) 的工艺日渐成熟，SLM 也已广泛用于全息投影显示、激光材料加工和光通信等领域。SLM 类似于可编程的 CGH，避免了 CGH 制作过程，具有动态可变补偿的潜在优势，因而作为像差校正元件，在自适应光学、光学面形测量等领域得到越来越多的应用。

本章论述了基于 SLM 的新型可编程 CGH 的补偿测量方法，包括使用 SLM 作为可编程 CGH 的相位编码和自由曲面波前的生成 [1,2]；高次非球面单透镜与 SLM 组合，灵活适应较大偏离量自由曲面的测量 [1,3,4]；使用 SLM 作为动态补偿元件，进行加工过程中超干涉仪检测能力局部大误差的自适应补偿与智能解算 [1,5,6]。

6.1 基于 SLM 的可编程 CGH

SLM 是一种能实现光场调制的元件。液晶 SLM 由液晶阵列构成，液晶受光或电信号控制，通过物理效应改变液晶的光学性质，从而达到对入射光场进行调制的目的 [7-9]。SLM 采用集成电路的制备技术，具有驱动器数量多、体积小、易于控制的特点。SLM 的这些优点使其在激光整形、光束净化、大气自适应光学和人眼科学等应用的相位控制系统中得到越来越多的应用。为将 SLM 用于干涉补偿检测，首要的是攻克 SLM 高精度像差控制难题，为此本节论述了一种基于干涉型计算全息编码的 SLM 相位控制方法，使用这种方法能驱动 SLM 以较高的精度生成适中幅值大小的自由像差，从而实现使用 SLM 产生自由曲面波前，并使其应用于干涉检测成为可能。

6.1.1 基于干涉型计算全息编码的 SLM 相位控制原理

波前控制领域常用的 SLM 为电控扭曲向列型，其一般结构如图 6.1 所示 [7]，包括液晶层、对准层、电极层和玻璃层。不加电场时，不同液晶层的长轴方向在沿与 SLM 玻璃面板垂直的方向上存在 90° 扭曲，并且每一液晶层液晶的长轴方向保持一致，如图 6.2(a) 所示。在施加电场时，液晶方向发生变化，所有液晶层内液晶的长轴方向均保持一致，如图 6.2(b) 所示 [7]。

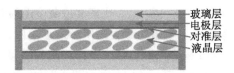

图 6.1 电控扭曲向列型 SLM 的一般结构

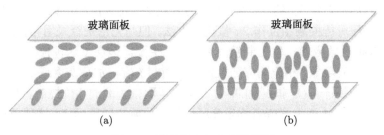

图 6.2 液晶转向与电场的关系

(a) 未加电场; (b) 施加电场

由于液晶是一种晶体，所以 SLM 对入射光具有双折射效应 [7]。对于任意的入射光，经过 SLM 后的出射光被分成偏振方向不同的寻常光和非寻常光。寻常光满足折射定律，其折射率为 n_o，而非寻常光的折射率不服从折射定律，其折射率为 n_e。在外加电场的影响下，n_o 保持恒定，n_e 值随电压幅值而发生改变，非寻常光的折射率将等效为 [7]

$$n_{\mathrm{eff}} = \frac{n_e n_o}{\sqrt{n_e^2 \sin^2 \theta + n_o^2 \cos^2 \theta}} \tag{6-1}$$

式中，θ 为施加电压后液晶统一的指向角，θ 的大小与外加电场的强度相关。这种由于外加电场的存在，而使晶体材料的非寻常光折射率发生受控改变的现象称为电控双折射效应。由于电控双折射效应的存在，入射光经过 SLM 后相位发生受控延迟，并满足 [10]：

$$\Phi = \frac{2\pi}{\lambda}(n_{\mathrm{eff}} - n_o)d \tag{6-2}$$

式中，λ 是入射光的波长；d 为液晶层的厚度。

综上所述，通过改变施加在 SLM 像素上的电压幅值，可以实现受控的相位调制。对 SLM 来说，一般通过加载灰度图来实现对施加在每一像素上电压幅值的控制。每一像素点对应的灰度与其电压幅值满足线性关系，对于 8 位 (256 阶) 灰度图来说，这种线性关系满足：

$$g = g_{\min} + \frac{g_{\max} - g_{\min}}{V_{\max} - V_{\min}} \times V \tag{6-3}$$

式中，V 代表特定像素点需要施加的电压幅值；g 代表电压幅值 V 对应的灰度；$g_{\max}$ 代表 8 位灰度图最亮的灰度等级 255；$g_{\min}$ 代表 8 位灰度图最暗的灰度等级 0；$V_{\max}$ 和 $V_{\min}$ 分别是加载在像素点上电压的最大幅值和最小幅值。

　　针对具体的相位调制或波前控制目标，设计对应的灰度图，加载在 SLM 上，就能实现对相位的控制，这就是基于 SLM 电控双折射效应的进行相位调制的工作原理。基于 SLM 电控双折射效应的相位控制方法，相位调制能力极为有限，一般来说这种方法仅仅能产生约 2π 的相位。为了能产生更大的相位调制，通常采用相位回卷 [10]，即对待控制相位作 2π 量化的方法。但是无论是否采用相位回卷方法，基于电控双折射效应的相位控制精度并不高，主要原因在于这种控制方法依赖于 SLM 的相位响应函数。相位响应函数是相位调制深度与加载灰度或电压的函数关系，这种函数关系一般是非线性的 [10-16]。为了取得较高的相位控制精度，需要用实验的方法对 SLM 逐像素或者逐像素区域的相位响应函数标定，这种校准过程很复杂并且耗时 [10-16]。

　　本节提出了一种干涉型计算全息编码的 SLM 相位控制方法，该方法不依赖相位响应函数，因此无须进行复杂的相位响应函数标定，利于实际操作，并且相位控制精度相对较高。干涉型计算全息编码基于计算全息的理论 [17]，计算全息主要由记录和重现两个步骤组成。记录过程基于波面干涉理论，重现过程基于衍射理论。计算全息既适用于平行参考光束，也适用于球面参考光束。不失一般性，以下以平行参考光束为例说明干涉型计算全息编码的理论。记录过程如图 6.3(a) 所示，参考光是标准平面波前，物光是带有设计像差的平面波前。在记录平面上，参考光复振幅 $U_{\mathrm{r}}(x, y)$ 的表达式为

$$U_{\mathrm{r}} = \exp\left\{ \mathrm{i}\left[2\pi\left(y\sin\theta + z\cos\theta \right)/\lambda \right] \right\} \tag{6-4}$$

在记录平面上，参考光复振幅 $U_{\mathrm{o}}(x, y)$ 的表达式为

$$U_{\mathrm{o}} = \exp\left\{ \mathrm{i}\left[2\pi z/\lambda + \varphi_{\mathrm{o}}\left(x, y \right) \right] \right\} \tag{6-5}$$

式中，$\varphi_{\mathrm{o}}(x, y)$ 表示需要 SLM 调制的相位。

　　参考光和物光在记录平面内的干涉图 H 由计算机生成，其表达式为

$$H = |U_{\mathrm{r}} + U_{\mathrm{o}}|^2 = |U_{\mathrm{r}}|^2 + |U_{\mathrm{o}}|^2 + U_{\mathrm{r}}^* U_{\mathrm{o}} + U_{\mathrm{r}} U_{\mathrm{o}}^* \tag{6-6}$$

式中，包含了三个衍射级次。0 级光是 $|U_{\mathrm{r}}|^2 + |U_{\mathrm{o}}|^2$，代表了振幅发生调制的标准平面波；$+1$ 级光是 $U_{\mathrm{r}}^* U_{\mathrm{o}}$，代表了相位与物光相位相同，振幅发生调制的波面；$-1$ 级光是 $U_{\mathrm{r}} U_{\mathrm{o}}^*$，代表了相位与物光相位共轭，振幅发生调制的波面。

将干涉图案 H 加载到 SLM 上,当 SLM 被图 6.3(b) 的参考光照射时,出射的衍射光束包含了 0 级光、+1 级光和 −1 级光。为将这三个级次的衍射光在空间上进行分离,参考光束与记录平面的垂线成夹角 θ。因此,得到的 +1 级光就重构出物光的相位从而实现相位的控制。

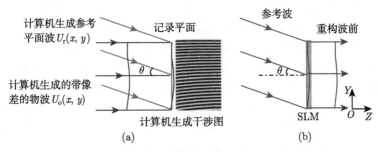

图 6.3 SLM 的干涉型计算全息编码原理

(a) 记录过程; (b) 重现过程

通常,SLM 具有有限的灰度等级,通常为 8 位,即 256 阶灰度等级,并且具有有限的像素分辨率,通常具有 10^6 个像素,即拥有百万级的像素阵列。所以,式 (6-6) 计算得到的干涉图 H 需要经过灰度量化和像素离散化才能施加到 SLM 上。对于一个具有 256 阶灰度等级和 $N \times M$ 像素阵列的 SLM 来说,将式 (6-4) 和式 (6-5) 代入式 (6-6) 中,经过化简可以得到量化和离散化后的干涉图 H,即

$$H = \left[0.5 \left\{ 255 + 255\cos \left\langle \frac{2\pi}{\lambda} n\sin\theta - \varphi_{\text{o}}(m, n) \right\rangle \right\} \right] \tag{6-7}$$

式中,$\varphi_{\text{o}}(m, n)$ 是 $\varphi_{\text{o}}(x, y)$ 的离散化形式,(m, n) 表示像素坐标,$(m, n) \in (-M/2, M/2 - 1; -N/2, N/2 - 1)$,$M$ 和 N 分别代表在 SLM 的 X 方向和 Y 方向的像素数目;$[\cdot]$ 表示向下取整符号。尽管 SLM 可以显示 256 阶灰度等级的灰度图,然而当 $\varphi_{\text{o}}(m, n)$ 的幅值或者梯度较大时,式 (6-7) 代表的干涉图 H 并非具有 256 阶量化等级。这里所讲的量化等级指的是为实现 1λ 的相位调制所需的像素数目。显然,对于较小的量化等级 Q 而言,SLM 可以施加的相位调制的幅值将会增大,然而,由于为实现 1λ 的相位调制所需的像素数目减小,量化误差也会增大,从而降低相位控制的精度。量化误差通常是指由模拟信号转换成数字信号时产生的误差。对于 SLM 而言,量化误差来源于式 (6-7) 计算得到的干涉图的灰度值必须经过圆整才能被有限的灰度等级表示。一些的经典文献分析了衍射光学元件在像素离散化和灰度量化过程中产生的量化误差,并得到了量化误差引起波前误差的 RMS 值 ε 与量化等级 Q 的表达式 [18]:

$$\varepsilon = \frac{\lambda}{2\sqrt{3}Q} \tag{6-8}$$

　　综上所述, 较小的量化等级会增大 SLM 的相位控制能力, 但是将会降低其相位控制精度。而较大的量化等级会减弱 SLM 的相位控制能力, 但有助于提高其相位控制精度。因此, 合适的量化等级需要综合考虑 SLM 的具体应用所需要的相位控制能力和相位控制精度。通常来说, 干涉检测所需检测精度的适中值为 $\lambda/30$ RMS。为保证 SLM 的相位控制精度在 $\lambda/30$ RMS 以上, 由式 (6-8) 可以得到量化等级 $Q \geqslant 8$。$Q \geqslant 8$ 表示至少需要 8 个像素来实现 1λ 的相位调制。

　　下面从理论上分析 $Q \geqslant 8$ 时 SLM 所能实现的相位调制能力。Zernike 模式像差 [19] 通常在干涉补偿检测中用来表示被测面的像差以及补偿器所需要补偿的像差模式。因此, 下面计算 $Q=8$ 时, SLM 所能实现的不同 Zernike 像差模式的最大幅值。计算通过数值计算软件 Matlab 来实现。利用 Matlab 在 SLM 的像素阵列上施加不同的 Zernike 像差模式, 计算各自 Zernike 像差模式下, 当像差梯度的模的最大值为 1/8 时对应的 Zernike 像差的最大幅值。在仿真计算中, SLM 型号为 Holoeye™ LC 2012, 像素阵列为 1024×768, 这款 SLM 也是本书的实验中所采用的 SLM。为最大化利用 SLM 的像素阵列并且避免 SLM 边缘像素相位调制不稳定带来的边缘效应, Zernike 像差施加在 SLM 中心直径为 722 像素的圆形区域上。仿真计算只计算到 Z_9 项 Zernike 像差, 即初级球差项, 因为初级球差通常是干涉补偿检测常见非球面和自由曲面所需补偿的最大主要像差项。表 6.1 列出了针对 $Z_2 \sim Z_9$ 项 Zernike 像差的仿真计算结果。比如, 在 $Q=8$ 时, Holoeye™ LC 2012 SLM 最能实现 PV 值为 36λ 的像散项 (Z_5/Z_6)。初级球差 (Z_9) 通常是检测非球面所需补偿的主要像差。如表 6.1 最后一列所示, 为实现更大能力的初级球差的调制量, 在初级球差的计算中加入了一定量的离焦项 (Z_4)。这是因为特定比例离焦项的引入会减小初级球差项的相位梯度。

表 6.1　$Q = 8$ 时 Holoeye™ LC 2012 SLM 所能产生的 Zernike 像差最大幅值

Zernike 项	Z_2/Z_3	Z_4	Z_5/Z_6	Z_7/Z_8	$Z_9 - 4 \cdot Z_4$
系数值/λ	~ 45	~ 9	~ 18	~ 6	~ 4

　　实际上, SLM 也能产生比表 6.1 所示的更大幅值的 Zernike 像差, 但是其量化等级 Q 将会减小, 这意味着相位控制误差将大于 $\lambda/30$ RMS。同理, 当 SLM 用来产生幅值小于表 6.1 中结果的 Zernike 像差时, 其理论相位控制精度将优于 $\lambda/30$ RMS。

　　为了验证基于干涉型计算全息编码原理进行 SLM 相位控制的能力和精度以及使用 SLM 作为可编程 CGH 检测浅度自由曲面的可行性, 以下将针对球面基底和平面基底的偏离量约 30λ 的自由曲面进行检测验证, 并通过成熟的互检方法验证检测精度。

6.1.2 使用 SLM 作为可编程 CGH 检测球面基底自由曲面

1# 被测自由曲面是一个双曲率 Zernike 曲面, 其定义如下

$$z = \frac{c_x x^2 + c_y y^2}{1 + \sqrt{1 - (1+k_x)c_x^2 x^2 - (1+k_y)c_y^2 y^2}} + \sum_{j=1}^{n} A_j Z_j \tag{6-9}$$

式中, z 是曲面的矢高; c_x 和 c_y 分别是沿 X 方向和 Y 方向的顶点曲率; k_x 和 k_y 分别是沿 X 方向和 Y 方向的二次常数; Z_j 是第 j 项 Zernike 标准多项式 (Noll 排序) [20]; A_j 是 Z_j 的系数。

1# 被测自由曲面的形状定义参数为: $c_x = -1/199.103 \text{mm}^{-1}$, $c_y = -1/200.906$ mm^{-1}, $k_x = k_y = 0$, $A_5 = 1.317 \times 10^{-3} \text{mm}$, $A_6 = 0.015 \text{mm}$, $A_8 = 1.111 \times 10^{-4} \text{mm}$, $A_{12} = 1.121 \times 10^{-5} \text{mm}$, 口径为 100mm, 其最大矢高为 6.358mm。1# 自由曲面与曲率半径为 200mm 最佳拟合球的偏离量如图 6.4(a) 所示。最大偏离量的 PV 值约为 27λ。像散是主导的像差, 将像散去掉之后的主导像差是彗差, 如图 6.4(b) 所示。

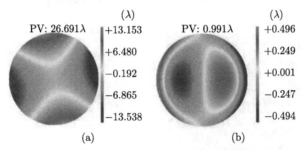

图 6.4 1# 自由曲面的偏离量 (扫描封底二维码可看彩图)

(a) 与最佳拟合球的偏离量; (b) 去掉像散之后的偏离量

1# 被测自由曲面是一个基底是球面或非球面的自由曲面, 因此在球面光路下进行检测。参照干涉检测中 CGH 补偿相位的设计方法, 进行检测光路中 SLM 补偿相位的设计, 光路设计结果如图 6.5(a) 所示。为了分离衍射级次, 在 CGH 的补偿相位设计中加载了系数为 100λ 的 Z_2 倾斜项, 被测表面倾斜 0.036°。SLM 到球面波会聚点和 1# 被测自由曲面顶点的距离分别为 50.68mm 和 148.085mm。去除倾斜项之后的补偿相位设计结果如图 6.5(b) 所示, 补偿相位的主导像差同样为像散。检测光路剩余像差如图 6.5(c) 所示, 剩余像差的 RMS 值为 0.006λ, 满足零位检测条件。

执行检测前需要使用干涉仪测量 SLM 的固有波前误差。SLM 的固有波前误差由其玻璃面板的加工误差, 液晶层的不均匀等造成。固有误差对应的干涉图如图 6.6(a) 所示, 固有波前误差截取中心 26mm 区域的相位检测结果如图 6.6(b) 所示, 其误差的 PV 值为 1.418λ, RMS 值为 0.273λ, 像差的主要成分是低频的离焦

和像散。将固有波前误差的共轭相位使用干涉型计算全息编码的方法编码成灰度图，得到固有误差自校准灰度图，如图 6.7 所示。在 SLM 上加载固有误差自校准灰度图即可补偿固有误差。固有误差校正后的干涉图如图 6.8(a) 所示，相位检测结果如图 6.8(b) 所示。校准后误差的 PV 值为 0.090λ，RMS 值为 0.012λ。

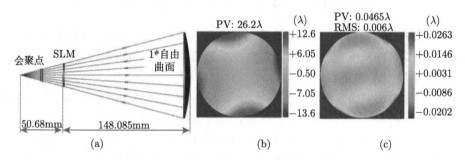

图 6.5　$1^{\#}$ 自由曲面的检测光路设计 (扫描封底二维码可看彩图)

(a) 检测光路；(b)SLM 的补偿相位；(c) 剩余像差

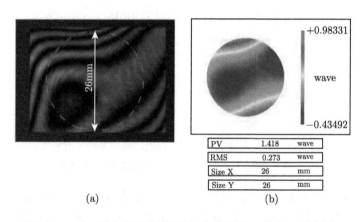

图 6.6　SLM 固有误差检测结果 (扫描封底二维码可看彩图)

(a) 干涉图；(b) 波前误差

　　将 SLM 固有波前误差 $\varphi_{\mathrm{w}}(x,y)$ 的共轭相位与图 6.5(b) 所示的动态补偿相位以及倾斜载频相加，得到针对被测面的检测需要在 SLM 上加载的相位。最后，根据式 (6-7) 的干涉型计算全息编码原理，得到检测被测面所需的灰度图。将该灰度图加载在 SLM 上，即可将 SLM 用作可编程 CGH 实现 $1^{\#}$ 自由曲面的补偿测量。

　　在使用 SLM 进行 $1^{\#}$ 自由曲面的检测之前，先要执行 SLM 在检测光路中的对准。对准光路的设计如图 6.9(a) 所示。对准通过将 $1^{\#}$ 被测自由曲面换为高精度的凹反射球面进行。在图 6.9(a) 所示的对准光路中，使用的高精度反射球面是

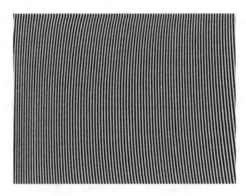

图 6.7　固有误差自校准灰度图

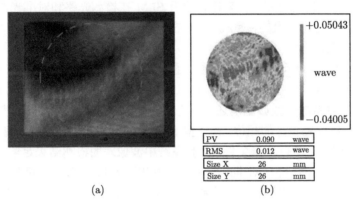

PV	0.090	wave
RMS	0.012	wave
Size X	26	mm
Size Y	26	mm

(a)　　　　　(b)

图 6.8　SLM 固有误差自补偿结果

(a) 干涉图; (b) 波前误差

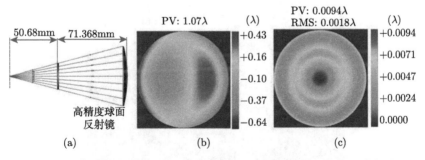

图 6.9　1# 自由曲面的 SLM 对准光路设计 (扫描封底二维码可看彩图)

(a) 对准光路; (b) SLM 在对准光路中的补偿相位; (c) 剩余像差

6in Zygo 干涉仪的球面镜头 $f/1.1$ 的参考球面, 其曲率半径为 123.3mm。参考 CGH 的相位设计方法, 在 SLM 上设计了针对被测高精度球面的补偿相位、固有误差自补偿相位和倾斜载频。被测高精度球面倾斜一定角度以配合倾斜载频实现干扰衍射级次的分析。对准光路中去除倾斜项之后的 SLM 补偿相位设计结果如图 6.9(b) 所示，补偿相位的主导像差是由于被测球面倾斜产生的彗差。检测光路剩余像差如图 6.9(c) 所示，剩余像差的 RMS 值为 0.0018λ。对准的指导思想是 SLM 在检测光路和对准光路中的位置和姿态相同。如图 6.5(a) 和图 6.9(a) 所示，对准光路中，SLM 到干涉仪球面波会聚点的距离和检测光路中 SLM 到干涉仪球面波会聚点的距离相同，这意味着对准是在位进行的。在对准光路中，可以很容易地进行高精度反射球面相对于干涉仪球面镜头的对准，并且高精度反射球面和干涉仪镜头参考面的精度都是非常高的。因此，当 SLM 上加载了针对校准光路设计的动态相位之后，通过调整 SLM 的自由度，使校准系统检测到的波像差小于特定阈值，即能实现 SLM 在校准光路中的对准。因为 SLM 在检测光路和对准光路中的设计位置和姿态理论上是一致的，完成 SLM 在校准光路中的对准即完成了 SLM 在检测光路中的对准。

依照图 6.9(a) 所示的对准光路搭建了对准光路的实验装置。如图 6.10 所示，对准装置中使用的干涉仪是 4in Zygo GPI 干涉仪，采用的镜头为 $f/1.5$ 球面镜头。高精度球面反射镜的参数如上所述。首先将两高精度球面进行对准，然后在 SLM 上加载针对校准光路设计的相位，并根据 SLM 失调像差的分析结果，调整 SLM 的 6 自由度，直到满足零位检测条件，并且系统中波像差的检测结果足够小，即完成了 SLM 的对准。SLM 完成对准时的干涉条纹如图 6.11(a) 所示，可见条纹足够稀疏，近似为零条纹。检测得到的系统波像差如图 6.11(b) 所示，系统波像差的 RMS 值为 0.027λ，可以认为完成了 SLM 的对准。

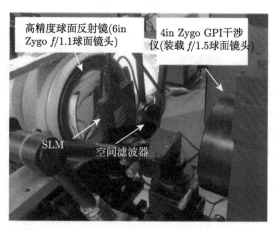

图 6.10　1$^\#$ 自由曲面的 SLM 对准实验装置

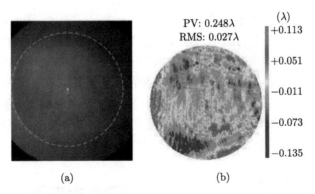

图 6.11 1# 自由曲面的 SLM 对准结果 (扫描封底二维码可看彩图)

(a) 干涉图; (b) 波像差

SLM 的位置和姿态对准完成后，将校准光路中的高精度反射球面更换为 1# 被测自由曲面，进行 1# 被测自由曲面面形误差的检测，检测系统装置如图 6.12 所示。使用的干涉仪是 4in Zygo GPI 干涉仪，其 CCD 的分辨率为 640×480，采用的镜头为 f/1.5 球面镜头，SLM 的型号为 Holoeye™ LC 2012。在 SLM 上加载了针对自由曲面检测设计的相位后，由干涉仪发出的球面波，经过 SLM 衍射转换成与 1# 被测自由曲面形状匹配的波前，被 1# 自由曲面反射，再次经过 SLM，返回干涉仪与参考波前干涉。位于球面波会聚点附近的空间滤波器小孔调整到合适的孔径，配合 SLM 的倾斜载频实现干扰衍射级次的较好分离。

图 6.12 使用 SLM 检测 1# 自由曲面的实验装置

根据失调像差仿真结果调整 1# 被测面的自由度，实现零位检测。面形误差的检测结果如图 6.13(a) 所示，面形误差的 RMS 值为 0.182λ。对应的干涉条纹如图 6.13 (b) 所示。为了对 1# 自由曲面进行互检，以验证基于 SLM 的可变补偿检测方法的检测精度，使用装备了更高分辨率 CCD(1000×1000) 的 Zygo Verfire Asphere™ 干涉仪对 1# 自由曲面进行检测，检测在非零位条件下进行，检测装置如图 6.14 所示，干涉仪采用的球面镜头为 6in Zgyo $f/1.1$。图 6.15(a) 和 (b) 分别表示非零位检测状态下的面形误差和干涉图。经过回程误差校正，可以重构出被测面的面形结果。如图 6.16(a) 所示，面形误差的 RMS 值为 0.195λ。通过对比图 6.16(a) 和图 6.13(a) 所示的两种方法的检测结果可以看出，两种检测结果的面形误差分布、PV 值和 RMS 值均相差不大。为了进一步量化评价两种检测结果的偏差，将两种检测结果作差得到点对点偏差，如图 6.16(b) 所示。点对点误差 RMS 值为 0.039λ，验证了基于 SLM 的可变补偿检测方法的检测精度。

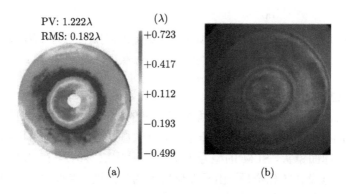

图 6.13　使用 SLM 检测 1# 自由曲面的检测结果 (扫描封底二维码可看彩图)

(a) 面形误差; (b) 干涉图

图 6.14　使用干涉仪直接非零位检测 1# 自由曲面的实验装置

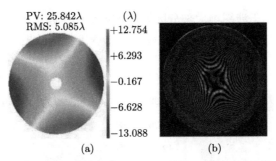

图 6.15 使用干涉仪直接非零位检测 1$^{\#}$ 自由曲面的检测结果 (扫描封底二维码可看彩图)

(a) 面形误差; (b) 干涉图

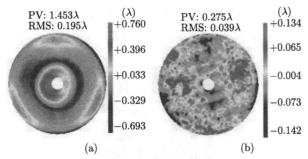

图 6.16 干涉仪直接检测 1$^{\#}$ 自由曲面面形误差的重构结果与两种结果的比较 (扫描封底二维码可看彩图)

(a) 非零位检测结果; (b) 两种测量结果的比较

6.1.3 使用 SLM 作为可编程 CGH 检测平面基底自由曲面

2$^{\#}$ 自由曲面是一个 Zernike 多项式曲面, 其定义如下

$$z = \frac{c\rho^2}{1 + \sqrt{1 - (1+k)c^2\rho^2}} + \sum_{j=1}^{n} C_j Z_j \tag{6-10}$$

式中, z 是曲面的矢高; c 是顶点曲率; k 是二次常数; ρ 是径向半口径; Z_j 是第 j 项 Zernike 多项式 (Wyant 排序) [19], Z_j 的系数是 A_j。

2$^{\#}$ 被测自由曲面的形状定义参数为: $c = 0$(平面基底), $C_4 = 14.939\lambda$(离焦项系数), $C_9 = -4.979\lambda$(初级球差项系数), 口径为 26mm。曲面矢高分布如图 6.17(a) 所示, 图 6.17 (a) 也表示了 2$^{\#}$ 被测面与平面的偏离量, 其 PV 值约为 30λ。离焦是主导的像差。将离焦去掉之后的主导像差是初级球差, 如图 6.17 (b) 所示。2$^{\#}$ 自由曲面的偏离量超出了常用干涉仪的动态范围, 即由于偏离量产生干涉条纹的周期超过干涉仪常规分辨率 CCD 的奈奎斯特采样频率。图 6.18 是使用配备了分辨率为 640×480 的 CCD 和平面镜头的 4in Zygo GPI 干涉仪对 2$^{\#}$ 自由曲面直接检测得到的干涉条纹。干涉图绝大部分区域内的条纹频率超出了 CCD 的奈奎斯特采样频率，不能被 CCD 解析，因此无法获得面形误差检测结果。

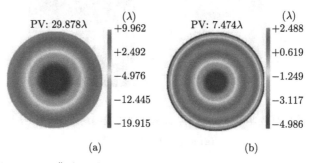

图 6.17　$2^{\#}$ 自由曲面的偏离量 (扫描封底二维码可看彩图)

(a) 与平面的偏离量；(b) 去掉离焦之后的偏离量

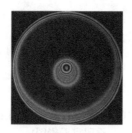

图 6.18　使用干涉仪直接检测 $2^{\#}$ 自由曲面的干涉图

$2^{\#}$ 被测自由曲面是一个基底为平面的自由曲面，因此在平面光路下进行检测。检测光路中 SLM 的相位的设计，以及使用干涉型计算全息原理对相位编码的过程与 $1^{\#}$ 被测自由曲面类似，在此不再赘述。设计的检测光路如图 6.19(a) 所示，SLM 上加载的去除倾斜项之后的补偿相位如图 6.19 (b) 所示。补偿相位的主导像差与被测面一样为离焦。加载的倾斜项为 Z_2 项，其系数为 100λ，被测表面倾斜 $0.3°$。理论剩余像差如图 6.19 (c) 所示，其 RMS 值为 0.001λ，满足零位检测条件。

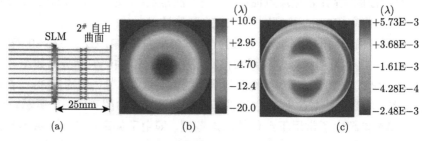

图 6.19　$2^{\#}$ 自由曲面的检测光路设计 (扫描封底二维码可看彩图)

(a) 检测光路；(b)SLM 的补偿相位；(c) 理论剩余像差

在检测 2# 自由曲面面形之前，需要进行 SLM 的对准，对准光路的实验装置如图 6.20 所示，使用的干涉仪是 4in Zygo GPI 干涉仪，其 CCD 的分辨率为 640×480，采用的镜头为平面镜头，SLM 的型号为 Holoeye™ LC 2012。对准通过在 SLM 后放置一块高精度平面反射镜进行。SLM 相对于光路回转自由度的失调通过在 SLM 上施加 0° 彗差，并测量经过 SLM 固有像差自校准之后系统检测到的波像差。波像差检测结果中的 90° 彗差分量小于一定阈值即认为实现了 SLM 回转自由度的对准。SLM 的倾斜失调通过调整 SLM 的倾斜自由度，直到 SLM 靠近干涉仪的表面反射回干涉仪的波前和干涉仪的参考波前干涉得到的条纹是零条纹。SLM 的倾斜失调调整完毕后，将 SLM 稍微倾斜，防止鬼像的产生。因为 SLM 的口径小于干涉仪光束的口径，因此避免了 SLM 横向位置的调整。

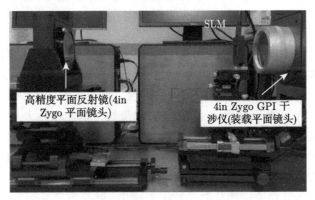

图 6.20　2# 自由曲面的 SLM 对准实验装置

SLM 的位置和姿态对准完成后，将对准光路中的高精度反射平面更换为 2# 被测自由曲面，进行 2# 被测自由曲面面形误差的检测。检测系统的实验装置如图 6.21 所示。在 SLM 上加载了针对 2# 自由曲面检测设计的相位后，由干涉仪发出的平面波，经过 SLM 衍射转换成与 2# 被测自由曲面形状匹配的波前，被 2# 自由曲面反射，再次经过 SLM，返回干涉仪与参考波前干涉。根据失调像差仿真结果，调整 2# 被测面的自由度，实现零位检测。面形误差的检测结果如图 6.22(a) 所示，面形误差的 RMS 值为 0.281λ。对应的干涉图如图 6.22(b) 所示。

图 6.21　使用 SLM 检测 2# 自由曲面的实验装置

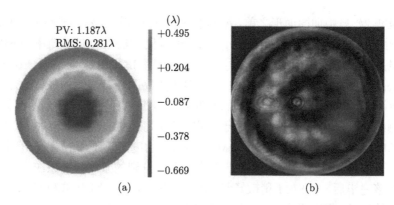

图 6.22　使用 SLM 检测 2# 自由曲面的检测结果 (扫描封底二维码可看彩图)

(a) 面形误差；(b) 干涉图

　　为了对 2# 自由曲面进行互检，以验证基于 SLM 的可变补偿检测方法的检测精度。使用轮廓仪 LuphoScan 260 对 2# 被测自由曲面进行检测。LuphoScan 是一款基于多波长干涉技术的干涉式扫描测量系统。如图 6.23 所示，测量系统集成了两个平移台 Z、R 和两个转台 C、T。能够测量物件的角度最大至 $90°$，绝对测量精度高于 $\pm 50\text{nm}(3\sigma)$[21]。在检测过程中，2# 被测自由曲面被当作平面进行检测。转台 C 带动 2# 自由曲面旋转，平移台 T 带动测头沿 2# 被测面的径向进行扫描，因此 C 和 T 的运动产生了沿 2# 自由曲面表面的螺旋扫描运动。获得 2# 自由曲面的轮廓之后，将其理论轮廓从测量数据中减去，就得到了其面形误差的结果。如图 6.24(a) 所示，面形误差的 RMS 值为 0.317λ。通过对比图 6.24(a) 和图 6.22(a) 两种方法的检测结果可以看出，两种检测结果的面形误差分布、PV 值和 RMS 值均相

图 6.23　使用 LuphoScan 260 检测 2# 自由曲面的实验装置

差不大。为了进一步量化评价两种检测结果的偏差, 将两种检测结果作差, 得到点对点偏差。如图 6.24(b) 所示, 点对点误差的 RMS 值为 0.039λ, 验证了基于 SLM 的可变补偿检测方法的检测精度。

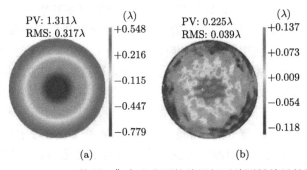

图 6.24 使用 LuphoScan 260 检测 $2^{\#}$ 自由曲面的结果与两种测量结果的比较 (扫描封底二维码可看彩图)

(a) LuphoScan 260 检测结果; (b) 两种测量结果的比较

6.2 基于 SLM 和高次非球面透镜的折衍混合可变补偿检测

本节针对 SLM 检测方法的可变像差幅值较小, 仅适应浅度自由曲面的问题, 论述了一种能适应较大偏离量自由曲面的可变补偿干涉检测方法。该方法将非球面单透镜可变球差补偿器和 SLM 组合使用, 提出一种折衍混合可变补偿器, 该补偿器具有卓越的像差幅值和像差类型适应性和适中的像差补偿精度。折衍混合可变补偿器赋予了干涉仪可变补偿检测偏离量高达 270λ 自由曲面的能力, 检测精度约 $\lambda/30$ RMS, 通过检测一个偏离量为 180λ 的自由曲面验证了检测系统卓越的自由曲面偏离量适应能力和适中的检测精度。

6.2.1 基于 SLM 和高次非球面透镜的折衍混合可变补偿检测原理

本节建立了折衍混合可变补偿器的理论模型, 定量评估了折衍混合可变补偿器的像差补偿能力, 确定了其可测非球面和自由曲面的参数范围, 阐述了大偏离量自由曲面的折衍混合可变补偿检测的光路设计, 综合分析了检测系统的原理性误差、软件误差、硬件误差等各个环节引入的不确定度, 完成了检测系统测量误差的评估。

6.2.1.1 理论模型与检测能力

自由曲面相对于球面的偏离量可以通过 Zernike 多项式进行模式分解[22], 分解结果为回转对称偏离量和非回转对称偏离量。回转对称偏离量也称为球差, 非回转对称偏离量也可以称为非回转对称像差。本节所提出的检测方案就是一种能产生大范围可变球差的折射式非球面补偿透镜可变球差补偿器和 6.1 节所述的衍射式 SLM 分别补偿被测自由曲面的回转对称偏离量和非回转对称偏离量。折射式非球面补偿透镜和衍射式的 SLM 组成了折衍混合的可变补偿器，共同补偿被测自由曲面的像差。大偏离量自由曲面的折衍混合可变补偿检测光路模型如图 6.25 所示。检测系统可以基于商用的波面干涉仪，如 Zygo GPI 系列干涉仪。由干涉仪发出的球面波，经过衍射式的 SLM 和折射式非球面补偿透镜组成的折衍混合可变补偿器后转换成与被测自由曲面匹配的自由曲面波前，该波前到达被测自由曲面后被自由曲面反射，并携带被测自由曲面的面形误差再次经过折衍混合的可变补偿器，返回干涉仪与参考波前干涉。可见，折衍混合可变补偿器是补偿自由曲面像差的核心元件，下面分别对折衍混合可变补偿器的两个组元，即衍射式的 SLM 和折射式非球面补偿透镜的像差补偿原理进行分析。

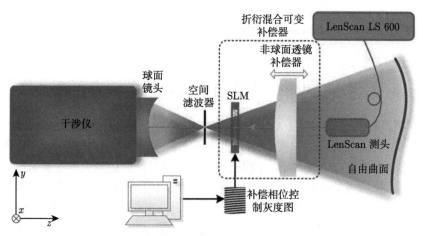

图 6.25　大偏离量自由曲面的折衍混合可变补偿检测光路模型

　　一般而言，非球面的主要像差是初级球差。如果存在一种补偿器能够产生数值上连续变化的初级球差，并且仅仅产生较小的高级球差，这种补偿器就能够用于大参数范围变化非球面的面形检测。我们从 Dall 补偿器初始参数计算的代数解入手进行分析，建立可变球差补偿检测理论，提出了非球面单透镜作为可变球差补偿器并进行了优化设计 [1,3]。补偿器的非球面采用偶次非球面，其表达式为

$$z = \frac{cr^2}{1 + \sqrt{1 - (k+1)c^2r^2}} + A_4r^4 + A_6r^6 + A_8r^8 + \cdots \tag{6-11}$$

式中，z 表示矢高；r 为口径；c 为顶点曲率，$c = 1/R$，R 为顶点曲率半径；k 为高次非球面的二次常数；A_4，A_6，A_8，$\cdots$ 分别为高次项 r^4，r^6，r^8，$\cdots$ 的系数。

　　优化结果的参数值如表 6.2 所示。

表 6.2 非球面单透镜中偶次非球面优化结果的参数值

参数	r_1	k	A_4	A_6	A_8	A_{10}	A_{12}
数值	220	-1	6.510×10^{-7}	-4.746×10^{-10}	2.449×10^{-13}	-7.988×10^{-17}	1.161×10^{-20}

非球面补偿器的优化设计结果显示，能产生幅值为 $0\sim230\lambda$ 的可变球差，并且球差的主要成分是初级球差。表 6.3 列出了使用该非球面单透镜作为补偿器能够适应的典型可测非球面，其中包含了不同口径、曲率半径和非球面度的常见非球面，既有二次曲面 (即抛物面、双曲面和椭球面)，又有高次非球面。表中最后一列表示使用非球面单透镜补偿器检测相应非球面时的理论剩余像差 PV 值和 RMS 值，剩余像差均在一般商用激光波面干涉仪的测量能力范围内，满足非零位检测条件，使用该补偿器进行不同非球面的面形检测实验验证详见文献 [1,3]。

表 6.3 非球面单透镜可变球差补偿器的典型可测非球面

表面形状	非球面度	典型特征	剩余像差
$k=-1$ $R=-123.11\text{mm}$ $D=74\text{mm}$	$\sim50\lambda$	抛物面适中非球面度	PV 5.973λ RMS 1.122λ
$k=-1.0139$ $R=-11041.70\text{mm}$ $D=2400\text{mm}$	$\sim80\lambda$	双曲面哈勃望远镜主镜	PV 2.136λ RMS 0.478λ
$k=-0.407$ $R=-9199.740\text{mm}$ $D=3132\text{mm}$	$\sim160\lambda$	椭球面大口径	PV 0.307λ RMS 0.044λ
$k=-1.1$ $R=-295.754\text{mm}$ $A_4=-8.375\times10^{-10}$ $A_6=5.279\times10^{-14}$ $A_8=6.779\times10^{-19}$ $A_{10}=1.430\times10^{-22}$ $D=205\text{mm}$	$\sim230\lambda$	高次面大非球面度	PV 13.448λ RMS 2.537λ

因此，被测自由曲面中幅值大小为 $0\sim230\lambda$ 的回转对称偏离量可以被非球面补偿器补偿或部分补偿，而剩余像差和非回转对称偏离量由 SLM 补偿。如 6.1.1 小节所述，SLM 是一种由液晶阵列构成，受光或电信号控制，通过物理效应改变液晶的光学性质从而实现光场调制的自适应光学元件 [7-9]。与 6.1 节相同，本节理论分析和实验中采用的 SLM 型号为 Holoeye™ LC 2012，其像素阵列为 1024×768，像素大小为 36μm，通光口径为 36.9mm×27.6mm。使用 6.1.1 小节提出的干涉型计算全息编码的 SLM 相位控制理论，将 SLM 用作可编程 CGH，从而进行相位控制。根据所产生的像差模式类型不同，SLM 能产生幅值范围在 $0\sim40\lambda$ 内的任意像差模

式,相位控制精度约为 $\lambda/30$ RMS。因此检测系统无须额外的形状监控装置来检测 SLM 产生的相位精度。SLM 位于干涉仪球面光束会聚点附近,因此检测系统克服了 SLM 有限通光口径对被测面可测口径的限制。

　　SLM 在系统中用作衍射元件,因此 SLM 上加载了倾斜载频,并且根据倾斜载频的大小和幅值,相应地倾斜了被测面。位于干涉仪出射的球面波会聚点处的可变孔径空间滤波器,配合倾斜载频能实现干扰衍射级次的分离。SLM 到球面镜头和非球面补偿透镜的距离监控由 LenScan LS600 激光测距仪实现 [23]。LenScan LS600 激光测距仪可以测量光学系统中光学元件的厚度以及光学元件之间的间距,测量范围最大为 600mm,绝对测量精度为 $\pm 1\mu m$。

　　折射式的非球面补偿器和衍射式的 SLM 一同实现自由曲面的零位检测,因此避免了非零位检测中的回程误差。折射式的非球面补偿透镜和衍射式 SLM 的补偿能力如图 6.26 所示。图 6.26 也代表了基于折衍混合可变补偿器的可变补偿检测系统的检测能力,即检测系统能够适应回转对称偏离量为 $0\sim230\lambda$,非回转对称偏离量为 $0\sim40\lambda$,最大偏离量高达 270λ 的自由曲面。

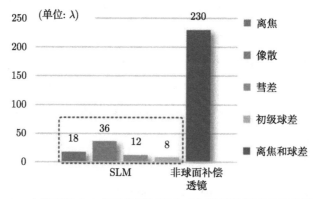

图 6.26　大偏离量自由曲面的折衍混合可变补偿检测系统的检测能力
(扫描封底二维码可看彩图)

6.2.1.2　检测光路设计

　　对于特定的被测自由曲面,基于上述原理的检测光路设计步骤如下。

　　第一步,将自由曲面的偏离量进行模式分解,分解结果为回转对称偏离量和非回转对称偏离量。根据图 6.26 所示的系统检测能力,判断待测自由曲面能否使用折衍混合可变补偿器进行检测。如果该自由曲面能被检测系统检测,在光学设计软件 Zemax 中建立检测光路模型。依据 Seidel 像差理论和补偿器的设计方法,得到非球面补偿透镜到干涉仪球面光束会聚点和被测自由曲面的距离,并以这两个距离值为优化变量,以最小化剩余像差的 RMS 值为优化目标,对检测系统进行优化。优化的结果是非球面补偿透镜补偿或者部分补偿了待测自由曲面的回转对称像差。

第二步，在模型中插入 SLM，以 Zernike 表面代表 SLM 的动态相位，SLM 位于检测光束恰好覆盖 SLM 中心直径为 26mm(722 像素) 圆形区域的位置，以最大化利用 SLM 的像素阵列，并且避免 SLM 边缘像素相位调制不稳定带来的边缘效应。然后优化 Zernike 多项式的系数，优化目标为最小化剩余像差的 RMS 值。优化的结果是 SLM 补偿了待测自由曲面的剩余回转对称像差和非回转对称像差。

第三步，需要在设计相位中加载倾斜载频，并且根据倾斜载频的大小和方向，倾斜被测自由曲面。在 Zemax 中优化空间滤波器的孔径、倾斜载频的幅值和被测自由曲面倾斜的角度来实现干扰衍射级次的分离。

第四步，对模型进行整体优化。优化变量选择非球面补偿透镜到干涉仪球面光束会聚点和被测自由曲面的距离，SLM 的动态补偿相位，SLM 上加载的倾斜载频，空间滤波器的孔径和被测自由曲面倾斜的角度。优化目标为最小化剩余像差的 RMS 值。优化结果是实现对被测自由曲面的零位补偿检测。

最后，将 SLM 固有波前误差 $\varphi_w(x, y)$ 的共轭相位、动态补偿相位以及倾斜载频相加，得到针对被测面检测需要在 SLM 上加载的相位。然后，根据式 (6-7) 的干涉型计算全息编码原理，得到检测被测面所需加载到 SLM 上的灰度图，其中 SLM 固有波前误差的检测方法与 6.1 节相同。上述的整个检测光路设计的流程如图 6.27 所示。

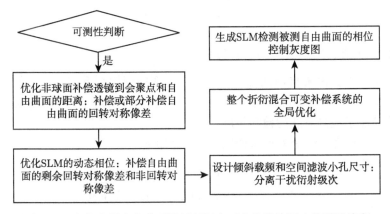

图 6.27　大偏离量自由曲面的折衍混合可变补偿检测光路设计流程

6.2.2　检测系统的误差分析

检测系统的误差主要由元器件结构参数误差和实际检测光路中元器件的位置姿态与其理论位置姿态的偏离构成。

关于元器件结构参数误差，主要误差源来自非球面补偿透镜两个表面的面形误差、SLM 的固有波前误差和 SLM 的相位控制误差。非球面补偿透镜的非球面和平面的面形误差由 Zygo Verifire Asphere™ 干涉仪测量得到，测量结果分别为 0.024λ RMS 和 0.016λ RMS。由透射元件面形误差在检测光路对测量结果的影响规律和不确定度合成理论可以得到，非球面补偿透镜的面形误差对检测误差的贡献为 0.014λ RMS。SLM 的相位控制误差由 6.1.1 小节可知，约为 λ/30 RMS。SLM 的固有波前误差通过 SLM 进行自补偿，因此其引起的检测误差退化为 SLM 的相位控制误差。关于元器件的位置和姿态偏离引起的误差，通过仿真分析得到对准装调误差引起的失调像差可以控制在 0.01λ RMS。

对比上述各误差源的误差贡献可以看出，SLM 的相位控制误差是检测系统的主要误差来源。将上述各误差源对检测结果的误差贡献利用不确定度合成原理进行综合分析，可以得到检测系统的误差约为 λ/30 RMS。检测系统的不确定度分析如表 6.4 所示。

表 6.4　大偏离量自由曲面的折衍混合可变补偿检测系统的不确定度分析

误差源分类	误差源	误差贡献的 RMS 值
元器件参数误差	非球面补偿透镜的非球面面形误差	0.012λ
	非球面补偿透镜的平面面形误差	0.008λ
	SLM 相位控制误差	∼ 0.033λ
	SLM 的固有误差	0
元器件位置姿态偏离误差	非球面补偿透镜、SLM 和被测面的对准装调误差	0.01λ
	合成不确定度值	0.038λ

6.2.3　大偏离量自由曲面检测的实验验证

为了验证大偏离量自由曲面的折衍混合可变补偿检测系统的检测能力和检测精度，本节针对一个与球面偏离量为 180λ 的自由曲面实现了检测，并通过成熟的互检方法验证了检测系统的检测精度。

被测自由曲面是一个双曲率曲面，其定义如下

$$z = \frac{c_x x^2 + c_y y^2}{1 + \sqrt{1 - (1 + k_x)c_x^2 x^2 - (1 + k_y)c_y^2 y^2}} \tag{6-12}$$

式中，z 是自由曲面的矢高；c_x 和 c_y 分别是沿 X 方向和 Y 方向的顶点曲率；k_x 和 k_y 分别是沿 X 方向和 Y 方向的二次常数。被测自由曲面的形状定义参数为：$c_x = -1/238.7 \text{mm}^{-1}$，$c_y = -1/240 \text{mm}^{-1}$，$k_x = -6.2$，$k_y = -6$，口径为 100mm，材料为铝。

自由曲面的矢高如图 6.28 所示，最大矢高为 4.968mm。与曲率半径为 257.824mm

的最佳拟合球的偏差如图 6.29(a) 所示, 最大偏离量的 PV 值约为 182.932λ。对自由曲面的偏离量进行模式分解, 可以得到自由曲面偏离量的回转对称分量和非回转对称分量, 分别如图 6.29(b) 和 (c) 所示。回转对称偏离量的 PV 值为 173.486λ, 主导像差是初级球差 (156.528λ PV) 和离焦 (98.910λ PV); 非回转对称偏离量的 PV 值为 23.786λ, 主导像差是像散 (28.514λ PV)。

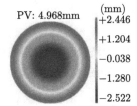

图 6.28　自由曲面的矢高 (扫描封底二维码可看彩图)

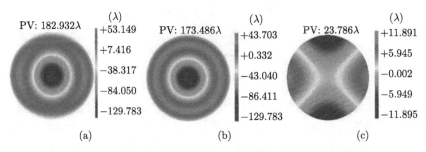

图 6.29　自由曲面的偏离量 (扫描封底二维码可看彩图)

(a) 与最佳拟合球的偏差; (b) 回转对称分量; (c) 非回转对称分量

根据上述自由曲面的像差分解结果, 结合图 6.26 所示的检测能力可以判断该自由曲面可以被检测系统检测。参照图 6.27 的步骤, 进行自由曲面检测光路的设计。光路设计结果如图 6.30 所示。为了分离衍射级次, 在 SLM 的补偿相位设计中加载了系数为 100λ 的 Z_2 倾斜项, 被测自由曲面沿 X 轴倾斜 0.0354°。SLM 到球面波会聚点和非球面补偿透镜的距离分别为 42.74mm 和 64.183mm。非球面补偿透镜到自由曲面口径中心顶点的距离为 75.119mm。检测光路剩余像差如图 6.30(b) 所示, 剩余像差的 PV 值为 0.0335λ, 可以忽略不计。因此, 检测满足零位检测条件。SLM 上施加的去除倾斜项之后的补偿相位如图 6.31 所示, 补偿相位的主导像差为像散, 用来补偿被测自由曲面的非回转对称偏离量。SLM 固有波前误差的校准方法与 6.1 节相同, 固有误差的检测结果如 6.1.2 小节所述。将 SLM 固有波前误差 $\varphi_w(x, y)$ 的共轭相位与图 6.31 所示的动态补偿相位以及倾斜载频相加, 得到针对被测面需要在 SLM 上加载的相位。然后, 根据式 (6-7) 的干涉型计算全息编码原理, 得到检测被测面所需灰度图。执行检测时, 将该灰度图加载在 SLM 上。

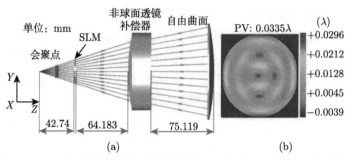

图 6.30　自由曲面的检测光路设计结果 (扫描封底二维码可看彩图)

(a) 检测光路; (b) 剩余像差

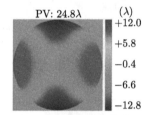

图 6.31　SLM 动态补偿相位设计结果 (扫描封底二维码可看彩图)

　　根据图 6.30(a) 所示的检测光路, 搭建如图 6.32 所示的自由曲面检测系统实验装置。实验装置采用 6in Zygo GPI 干涉仪, 其 CCD 的分辨率为 640×480, 采用的球面镜头为 $f/1.1$ 镜头, SLM 的型号为 Holoeye™ LC 2012。在 SLM 上加载了针对自由曲面检测设计的补偿相位后, 由干涉仪发出的球面波, 经过 SLM 衍射和非球面补偿透镜折射转换成与被测自由曲面形状匹配的波前, 被自由曲面反射, 再次经过非球面补偿透镜和 SLM, 返回干涉仪与参考波前干涉。调整位于球面波会聚点附近的空间滤波器小孔的孔径到合适的值, 配合 SLM 的倾斜载频实现干扰衍射级次的较好分离。

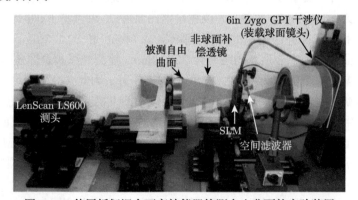

图 6.32　使用折衍混合可变补偿器检测自由曲面的实验装置

当 SLM 未施加编码了动态补偿相位的灰度图时，仅有被测自由曲面的回转对称像差被非球面补偿透镜部分补偿，对应的干涉图如图 6.33 所示。干涉图的条纹太密，部分区域的条纹频率超过了干涉仪 CCD 的奈奎斯特采样频率，因此干涉仪无法解析出被测面的面形误差。

图 6.33　仅非球面补偿透镜作用时的干涉图

当在 SLM 上加载编码了动态补偿相位的灰度图之后，被测自由曲面的回转对称像差被非球面补偿透镜部分补偿，剩余回转对称像差和非对称像差被 SLM 补偿，满足零位检测条件。对应的干涉图如图 6.34(a) 所示，面形误差检测结果如图 6.34(b) 所示。面形误差的 RMS 值为 0.103λ。

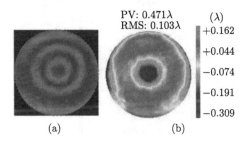

图 6.34　自由曲面的折衍混合可变补偿检测的结果 (扫描封底二维码可看彩图)

(a) 干涉图; (b) 面形误差

为了验证基于折衍混合可变补偿器检测方法的检测精度。使用轮廓仪 LuphoScan 260 对被测面进行检测 [21]。检测装置如图 6.35 所示，测量系统集成了两个平移台 Z、R 和两个转台 C、T。能够测量的物件角度最大至 $90°$，绝对测量精度高于 $\pm 50\text{nm}$ (3σ)。在检测过程中，被测自由曲面被当作其最佳拟合非球面进行检测。平移台 Z、R 带动测头沿被测自由曲面的最佳拟合非球面的母线运动，转台 T 驱动测头在测量过程中始终沿最佳拟合非球面的法向进行测量。转台 C 带动被测自由曲面旋转，因此 Z、R、T 和 C 的运动产生了沿被测自由曲面最佳拟合非球面表面法向测量的螺旋扫描运动。获得测量结果后，将自由曲面与其最佳拟合非球面的理论偏差从检测结果中减去，就得到了被测自由曲面的面形误差，如图 6.36 所示。通过对比图 6.36 和图 6.34(b) 两种方法的检测结果可以看出，两种检测结果的面形误差分布、PV 值和 RMS 值均比较相似。为了进一步量化评价两种检测结果的偏差，将两种检测结果作差得到点对点偏差，如图 6.37 所示。点对点偏差的 RMS 值为 0.036λ，验证了检测方法的检测精度。

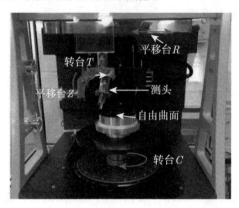

图 6.35　使用 LuphoScan 260 检测自由曲面的实验装置

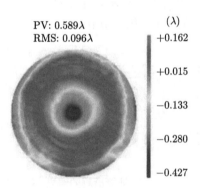

图 6.36　使用 LuphoScan 260 检测自由曲面的面形误差结果 (扫描封底二维码可看彩图)

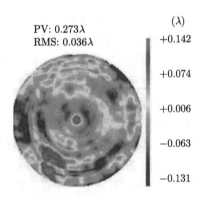

图 6.37　两种检测结果的点对点偏差 (扫描封底二维码可看彩图)

6.3 加工过程中动态演变局部大误差的智能推理补偿检测

在光学元件的研磨、抛光加工初期，常常出现面形误差幅值或者梯度过大，超出了干涉仪的测量能力，导致干涉条纹过密甚至不可见，从而无法得到面形误差的检测结果。基于前述使用 SLM 进行可变补偿的研究，本节进一步提出将无波前探测自适应光学技术引入到干涉检测领域，使用智能优化算法控制 SLM 产生自适应变化的波前对未知自由曲面形式的局部大误差进行迭代补偿。利用实时补偿效果作为反馈，确保迭代过程收敛，最终实现局部大误差的智能推理补偿检测。基于这一原理，提出了自适应波前干涉仪的概念，并搭建了自适应波前干涉检测系统。通过实验实现了 PV 值约为 30λ 的局部大误差的智能推理补偿检测，验证了自适应波前干涉仪的检测能力。通过与成熟的检测方法进行互检，验证了自适应波前干涉仪的检测精度。

6.3.1 加工过程中动态演变局部大误差的智能推理补偿检测原理

为解决加工过程中动态演变局部大误差的检测难题，本节将自适应光学技术引入传统干涉补偿检测，提出了自适应波前干涉仪的概念，建立了自适应波前干涉仪的理论框架，重点研究了自适应波前干涉仪的自适应补偿智能控制算法和局部大误差的高精度重构方法。

6.3.1.1 自适应波前干涉仪的理论框架

干涉检测中被测面局部大误差的特点是：像差来源于加工过程，并随加工过程动态变化；像差具有未知自由曲面形状；像差具有大幅值或大梯度的特性，造成干涉条纹过密甚至条纹不可见，最终导致干涉仪不能解析局部大误差；像差具有未知的形状决定了旨在补偿被测面已知理论像差的传统补偿检测方法不再适用。为此，需要研究赋予 SLM 智能推理与补偿局部大误差的能力。为了实现这一目标，可以从自适应光学技术中得到灵感。

自适应光学技术最初应用在地基天文望远镜系统中，用来克服大气湍流对成像质量的影响 [24]。常规的自适应光学系统结构如图 6.38 所示，大气湍流造成望远镜系统成像模糊，为了对大气湍流进行实时补偿，采用波前传感器 (如哈特曼传感器) 探测大气湍流引起的波前畸变，然后通过相位共轭，驱动波前校正器如变形镜产生补偿相位，校正大气湍流带来的波前畸变，最终实现成像清晰。大气湍流的特点：来源于大气扰动并且动态变化，像差的形式和大小未知。通过比较可以发现，大气湍流同干涉检测中局部大误差的特点类似。从中得到启发，自适应光学技术有可能应用在干涉面形检测中，实现局部大误差的智能推理和自适应补偿。实际上，自适应光学技术发轫于天文望远镜系统，现今已在许多重要的光学领域中得到运用, 如激光系统、显微镜、人眼科学等 [25-30]。表 6.5 的第 2、3 列对比了自适应光学在天文望远镜系统、显微镜领域进行像差动态补偿的像差源、像差特点、像差对系统的影响 [30]。类比表 6.5 的第 2、3 列, 尝试分析将自适应光学技术引入干涉检测的这些基本问题, 分析结果如表 6.5 的第 4 列所示。从中可以看出, 干涉检测中局部大误差解析的问题与天文望远镜系统、显微镜等领域需要自适应光学要解决的问题是相似的。因此, 本节创造性地提出将自适应光学理论运用到干涉检测领域, 提出自适应波前干涉仪的概念, 实现局部大误差的智能解析。

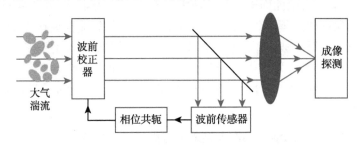

图 6.38　基于波前探测的常规自适应光学系统

表 6.5　典型自适应光学应用领域的像差及像差影响分析

	天文望远镜	显微镜	干涉面形检测
像差源	大气扰动	细胞组织	面形误差
像差特点	变化迅速; 形式复杂	适中变化速度; 形式复杂	随加工过程变化; 具有自由曲面形状; 幅值或梯度大
像差对系统的影响	降低像质	降低分辨率和对比度; 限制成像深度	条纹过密或条纹不可解析; 超出干涉仪动态范围

　　自适应光学系统分为基于波前探测的常规自适应光学系统和无波前探测的自适应光学系统 [31]。常规自适应光学系统结构如图 6.38 所示, 主要包含波前传感器和波前校正器。波前探测器探测波前畸变, 生成控制信号控制波前校正器补偿波前畸变。但是当波前畸变是强闪烁等情况, 无法用波前探测器直接探测波前时, 需要采用无波前探测自适应光学系统, 其结构如图 6.39 所示。无波前探测自适应光学技术 [32] 无须进行波前测量, 直接将波前校正器的控制信号作为优化变量, 以成像清晰度等应用系统关心的系统性能指标作为优化目标函数, 使用优化算法进行优化得到校正波前畸变所需的波前校正器的控制信号, 进而控制波前校正器补偿波前畸变, 最终实现成像清晰。考虑到无波前探测系统不引入其他波前探测元件 (如哈特曼传感器等), 使系统更加简单易行, 因此本文的方法优先选用无波前探测自适应光学系统。将无波前探测自适应光学系统与干涉面形检测结合, 构建自适应波

前干涉仪的理论框架。

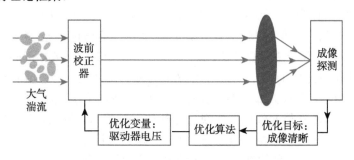

图 6.39 无波前探测自适应光学系统

为了理解自适应波前干涉仪的工作原理，首先分析如图 6.40(a) 所示自由曲面的传统干涉补偿检测。由干涉仪出射的平面波，经过针对被测面像差精确设计的补偿器后，转换成与被测自由曲面匹配的自由曲面波前。该波前到达被测自由曲面后被自由曲面反射，并携带被测自由曲面的面形误差再次经过静态补偿器，返回干涉仪与参考波前干涉。图 6.40(a) 中，绿色实线代表被测面的理论形状，蓝色实线代表被测面加工过程中的实际表面轮廓。黑色虚线的圆形区域内，实际被测面的轮廓与理论形状偏离较大，即出现了局部大误差。局部大误差区域的干涉条纹空间频率超过了干涉仪 CCD 的奈奎斯特采样频率，因而条纹不可解析，如图 6.40(b) 所示。对应区域的相位无法被正确解算，如图 6.40 (c) 所示。

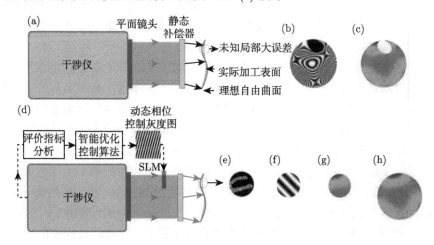

图 6.40 自适应波前干涉仪的局部大误差智能推理补偿检测原理 (扫描封底二维码可看彩图)
(a) 自由曲面的传统干涉补偿检测；(b) 局部区域无法被解析的全口径干涉图；(c) 局部区域数据缺失的全口径面形误差；(d) 自适应波前干涉仪；(e) 局部区域优化开始时的干涉图；(f) 局部区域优化结束时的干涉图；(g) 局部区域面形误差；(h) 全口径面形误差

　　为了检测局部大误差区域的面形误差, 将 SLM 作为动态补偿元件插入检测光路中, 如图 6.40(d) 所示。使用 6.1.1 小节的干涉型计算全息的编码方案将 SLM 用作可编程 CGH 进行相位控制。首先, 校准 SLM 的固有波前误差, 并使用 SLM 施加固有误差的共轭相位进行自补偿。横向移动 SLM 使其圆形或矩形的工作口径对准被测面的局部大误差区域。SLM 工作区域对应的局部大误差区域的干涉条纹图如图 6.40(e) 所示, 条纹大部分不可解析或过密, 是典型的局部大误差对应的干涉图。SLM 作为动态补偿元件可以实现已知补偿目标的像差补偿, 但补偿局部大误差的关键难题在于局部大误差的像差不可知, 即补偿目标是未知的。为了使 SLM 具备智能推理局部大误差的能力, 将无波前探测自适应光学技术应用于局部大误差解析。在干涉补偿检测系统中构建无波前探测自适应光学子系统。在这个子系统中执行优化操作, 智能推理局部大误差的像差并进行补偿。在优化过程中, 波前校正器即 SLM 所需的模式像差幅值系数作为优化变量, 远场光斑或干涉图的性能指标作为目标函数, 通过智能优化算法控制 SLM 产生自适应变化波前, 并以性能指标作为反馈信息, 迭代优化得到接近理想的效果, 即条纹能被干涉仪解析。上述过程称为局部大误差的自适应补偿, 是自适应波前干涉仪智能推理补偿局部大误差的核心环节, 下面对其进行详细分析。

　　执行自适应补偿的智能优化算法可以选择盲化类优化算法 (如随机并行梯度下降 (Stochastic Parallel Gradient Descent, SPGD) 算法 [31−34]、模拟退火算法 [35]、遗传算法 [36]), 也可以选择有相对较快收敛速度的基于模型类的算法 (如基于波前梯度的二阶矩与远场强度分布呈线性关系的算法 [37]、Matin Booth 提出的模式法 [38,39] 等)。为选择适合局部大误差解析的算法, 需要从理论和仿真两方面分析算法的鲁棒性、收敛速度、补偿效果和局部极值问题。

　　无论选择何种算法, 无波前探测自适应光学子系统都是通过优化系统的目标函数实现对局部大误差的补偿, 当局部大误差被完全补偿后, 目标函数应该达到最大值或最小值, 因此目标函数应该具有良好的单调特性, 而且目标函数相对于补偿效果的斜率决定了算法的收敛速度, 因此, 选择合适的目标函数也是算法实现的关键。在局部大误差解析应用中, 目标函数 [24] 主要分为两类: 一类是基于局部大误差区域反射干涉仪入射光, 光束返回干涉仪, 最终成像在探测器上远场光斑的性能指标, 可用的指标有像清晰度函数、平均半径和环围能量等; 另一类是基于局部大误差返回干涉仪的检测波前与参考波前干涉产生的条纹图的性能指标, 可以利用图形图像处理的相关知识结合数理统计学的理论背景, 对收敛过程中的干涉图进行数学建模, 构建随补偿效果单调变化的干涉图性能指标。

　　虽然局部大误差是自由曲面形式, 但是 SLM 在自适应波前优化环节仅需实现动态补偿后干涉图能被干涉仪解析, 也就是说 SLM 仅需实现一般来说占据局部大误差绝大部分比重的中、低频误差分量的补偿。因此 SLM 的控制像差可以选择为多项式形式的模式像差,如 Zernike 多项式[19,20]、Legendre 多项式[40] 等,针对具体被测面,需要根据局部大误差的先验知识,结合不同类型多项式像差的特性,研究选择合适的多项式类别和多项式项数。

局部大误差区域经过 SLM 自适应补偿后满足非零位检测条件,可以使用干涉仪非零位检测局部区域面形。为消除非零位检测带来的回程误差影响,可以进一步利用相位共轭算法驱动 SLM 产生局部面形的共轭相位,实现零位检测,干涉条纹如图 6.40(f) 所示。综合局部面形的零位检测结果、SLM 的补偿相位和系统理论剩余像差可以实现局部面形的解算,局部面形误差的解算结果如图 6.40(g) 所示。

最后,运用拼接算法将图 6.40(c) 和 (g) 所示的面形误差结果进行拼接,得到如图 6.40(h) 所示的全口径面形误差结果。拼接算法[41-43] 的关键在于确定子孔径之间的失调像差,以及利用重叠区域的信息将子孔径拼接起来。为解决子孔径之间的失调像差问题,子孔径之间执行优化拼接的补偿项通常采用常数项、X 轴倾斜项、Y 轴倾斜项、离焦项、X 轴平移项、Y 轴平移项和 Z 轴旋转项。其优化函数采用的是使子孔径重叠区域的相位差平方和最小。综合上述分析,可以得到自适应波前干涉仪的理论框架,如图 6.41 所示。

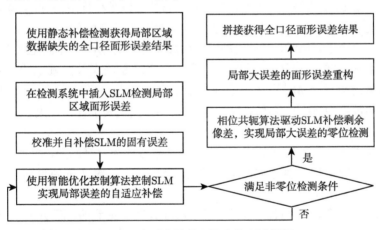

图 6.41　自适应波前干涉仪的理论框架

6.3.1.2　自适应波前干涉仪的理论框架自适应波前干涉仪的控制算法

自适应补偿控制算法是自适应波前干涉仪的核心。本小节提出了一种三个步骤的自适应补偿控制算法,三个步骤分别为条纹重建阶段、条纹疏化阶段和相位共轭阶段。条纹重建,即将不可解析条纹转变成可解析条纹;条纹疏化,即将密条纹转换成稀疏条纹;相位共轭的目的是将非零位检测状态转变成零位检测状态。在三个步骤中,条纹重建是自适应补偿控制算法的重中之重。在本小节所述的方法中,条纹重建和条纹疏化均基于 SPGD 算法[39-42] 实现。下面分别对自适应补偿控制算法的三个阶段进行详述。

在条纹重建阶段，首先定义区域 $A^{(0)}$ 为局部大误差对应的干涉图区域。通常来说，局部大误差的主要成分是中、低频分量。如果 SLM 能实现局部大误差的中、低频误差分量的补偿，那么区域 $A^{(0)}$ 将都为可解析的条纹。因此，在基于 SPGD 算法进行条纹重建的阶段，SLM 的自适应补偿相位可由 Zernike 多项式表示。并将 Zernike 多项式的系数选择为优化变量，优化过程中干涉图像素间灰度差的平方和 (Sum of Squared Gray Level Differences，SSGLD) 定义为优化目标 J。SPGD 算法的迭代过程如下

$$Z^{(k+1)} = Z^{(k)} + \gamma \delta J \delta Z^{(k)} \tag{6-13}$$

$$\delta J = J(Z^{(k)} + \delta Z^{(k)}) - J(Z^{(k)}) \tag{6-14}$$

$$J = \sum_{\text{all}(i,j)} (g_i - g_j)^2 / 2 \tag{6-15}$$

式中，$Z = \{z_1, z_2, \cdots, z_n\}$ 是表示 SLM 自适应补偿相位的 Zernike 多项式的系数；γ 是算法的增益系数；$\delta Z^{(k)} = \{\delta z_1, \delta z_2, \cdots, \delta z_n\}^{(k)}$ 是每一次迭代过程施加在 SLM 上的有相同 Zernike 幅值 α 并满足伯努利分布的随机微小扰动；i 和 j 是干涉图任意两像素的线性索引值；g_i 和 g_j 分别是这两像素对应的灰度值。

条纹重建阶段开始时，$A^{(0)}$ 内的干涉图如图 6.42(a) 所示。在优化过程中，干涉图分成两个子区域，即不可解析条纹区域 $A_n^{(0)}$ 和可解析条纹区域 $A_r^{(0)}$。定义 $A_n^{(0)}$ 区域内像素的数目为 $M_n^{(0)}$，$A_r^{(0)}$ 区域内像素的数目为 $M_r^{(0)}$，整个干涉图 $A^{(0)}$ 区域内像素的数目为 $M^{(0)}$。显然，$M_r^{(0)}$ 值的大小直接代表了优化效果。而 SPGD 算法通过优化目标函数 J 来重建条纹，因此，优化目标 J 应该是 $M_r^{(0)}$ 的函数。多峰函数容易在优化中陷入局部最优，因此目标函数应该为单峰函数。而且，目标函数的斜率大小决定了优化执行的速度。因此，分析优化函数 J 的特性对于优化算法的执行具有重要意义。

J 是通过计算 $A^{(0)}$ 内任意两个像素的 SSGLD 值得到的，而 $A^{(0)}$ 又可以分为 $A_n^{(0)}$ 和 $A_r^{(0)}$。因此，根据在 $A^{(0)}$ 内任取两像素在 $A_n^{(0)}$ 和 $A_r^{(0)}$ 区域内分布的情况，可以将 J 的计算分成三项，即

$$
\begin{aligned}
J &= J_1 + J_2 + J_3 \\
&= \sum_{i \in A_r^{(0)}, j \in A_r^{(0)}} (g_i - g_j)^2 / 2 + \sum_{i \in A_n^{(0)}, j \in A_n^{(0)}} (g_i - g_j)^2 / 2 + \sum_{i \in A_r^{(0)}, j \in A_n^{(0)}} (g_i - g_j)^2
\end{aligned}
\tag{6-16}
$$

式中，J_1 表示任选两像素均位于 $A_r^{(0)}$ 区域内；J_2 表示任选两像素均位于 $A_n^{(0)}$ 区域内；J_3 表示任选两像素分别位于 $A_r^{(0)}$ 和 $A_n^{(0)}$ 区域内。

为计算 J_1，定义随机变量 X 和 Y 均为 $A_r^{(0)}$ 区域内任意像素的灰度值，则 g_i 和 g_j 分别是 X 和 Y 的样本值。定义随机变量 $Z = X - Y$。因此，在统计意义上有

$$J_1 = C_{M_r^{(0)}}^2 E(Z^2) \tag{6-17}$$

式中，$E(Z^2)$ 表示 Z^2 的期望；$C_{M_r^{(0)}}^2 = M_r^{(0)}(M_r^{(0)} - 1)/2$。

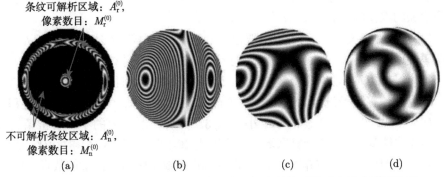

图 6.42 自适应补偿控制算法优化过程中局部大误差区域对应的典型干涉图

(a) 条纹重建开始; (b) 条纹重建结束; (c) 条纹疏化结束; (d) 相位共轭结束

不失一般性，将干涉图像素的灰度值归一化。0 代表灰度值为最暗色即黑色，1 代表灰度值为最亮色即白色。因此 X 和 Y 均满足 0~1 内的均匀分布，即 $X \sim U(0, 1)$ 和 $Y \sim U(0, 1)$。其中 $U(0, 1)$ 表示取值在 0~1 内的均匀分布。根据均匀分布的期望计算公式和随机变量函数的期望计算公式可以得到 $E(Z^2) = 1/6$，将其代入式 (6-17)，可以得到

$$J_1 = M_r^{(0)} \left(M_r^{(0)} - 1 \right) /12 \tag{6-18}$$

$A_n^{(0)}$ 区域内像素的灰度值均为 0，因此有

$$J_2 = 0 \tag{6-19}$$

对于 J_3，在统计意义上有

$$J_3 = C_{M_r^{(0)}}^1 C_{M_n^{(0)}}^1 \cdot E(X^2) \tag{6-20}$$

式中，$E(X^2)$ 代表 X^2 的数学期望，$C_{M_r^{(0)}}^1 = M_r^{(0)}$，$C_{M_n^{(0)}}^1 = M_n^{(0)}$。根据均匀分布的期望计算公式和随机变量函数的期望计算公式可以得到 $E(X^2) = 1/3$。将其代入式 (6-20)，可以得到

$$J_3 = M_r^{(0)} \left(M^{(0)} - M_r^{(0)} \right) /3 \tag{6-21}$$

将式 (6-17)、式 (6-19) 和式 (6-20) 代入式 (6-16)，可以得到

$$J \approx -M_{\mathrm{r}}^{(0)} \left(3M_{\mathrm{r}}^{(0)} - 4M^{(0)} \right) /12 \tag{6-22}$$

根据式 (6-22) 可以得到如下两点结论。

(1) 在统计意义上，当 $M_{\mathrm{r}}^{(0)}$ 的取值从 0 增加到 $2M^{(0)}/3$ 时，J 值是单调增加的；但是，当 M_{r} 的取值从 $2M^{(0)}/3$ 增加到 $M^{(0)}$ 时，J 值是单调减小的。因此 J 单调增加的取值区间为 $0 \leqslant M_{\mathrm{r}}^{(0)} \leqslant 2M^{(0)}/3$。

(2) 在统计意义上，当 $M_{\mathrm{r}}^{(0)}$ 的取值从 0 增加到 $2M^{(0)}/3$ 时，J 值随 $M_{\mathrm{r}}^{(0)}$ 增加的速率是递减的；当 $M_{\mathrm{r}}^{(0)} = 2M^{(0)}/3$ 时，增长速率减小到 0。

因此，SPGD 算法必须分段迭代进行，以保证收敛并且有较快的收敛速度。首先，J 值的计算区域选择为 $A^{(0)}$，并执行式 (6-13) ～ 式 (6-15) 的优化过程，直到 $M_{\mathrm{r}}^{(0)} = \xi \cdot M^{(0)}$，其中 ξ 的取值小于 2/3。然后，$A^{(0)}$ 内的不可解析条纹区域 $A^{(1)}$ 被定义为新的 J 值计算区域，并执行式 (6-13) ～ 式 (6-15) 的优化过程，直到 $M_{\mathrm{r}}^{(1)} = \xi \cdot M^{(1)}$，其中 $M_{\mathrm{r}}^{(1)}$ 是 $A^{(1)}$ 内可解析条纹子区域内像素的数目，$M^{(1)}$ 是 $A^{(1)}$ 内像素的总数目。迭代进行以上步骤，直到不可解析条纹区域的像素数目小于阈值。

根据式 (6-22)，可以进一步得到当 $M_{\mathrm{r}}^{(q)}$ 从 $M^{(q)}/20$ 增加到 $2M^{(q)}/3$ 时，J 值从 $[M^{(q)}]^2/60$ 增加到 $[M^{(q)}]^2/9$，其中 q 代表 J 值计算区域进行了 q 次迭代。将第 q 次计算区域迭代优化过程中的增益系数记为 $\gamma^{(q)}$，由于 J 值的数量级在每一次选定计算区域的优化过程中没有明显的变化，因此在每一次选定计算区域的优化过程中，$\gamma^{(q)}$ 可以选择固定取值。

经过条纹重建步骤之后，$A^{(0)}$ 区域内的条纹可完全被干涉仪 CCD 解析，如图 6.42(b) 所示。然而，条纹仍然过密。受测量噪声和振动等影响，干涉仪仍然很难从图 6.42(b) 所示的干涉图中通过相移解析出相位。因此，还需要进行条纹疏化的步骤。在条纹疏化步骤中，同样利用 SPGD 算法迭代控制 SLM 产生自适应波前进行优化，优化变量和优化过程与条纹重建过程相同。只不过 J 值的计算采用图像处理领域描述图像性能指标的梯度能量方程，其定义为

$$J = \sum_{i \in A^{(0)}} \left(\frac{\partial g_i}{\partial x} \right)^2 + \left(\frac{\partial g_i}{\partial y} \right)^2 \tag{6-23}$$

在条纹疏化步骤之后，$A^{(0)}$ 区域内的过密条纹转换成稀疏条纹，如图 6.42(c) 所示。此时，加载到 SLM 上的补偿相位记为 Φ_2，Φ_2 不包含 SLM 固有误差的自补偿相位 Φ_d。使用干涉仪非零位检测 $A^{(0)}$ 区域面形，结果记为 $W_{\mathrm{r}2}$。为消除非零位检测带来的回程误差的影响，将 $W_{\mathrm{r}2}$ 用 Zernike 多项式进行拟合。拟合结果记为

W_{r2f}。然后，进一步在 SLM 施加补偿相位 $\Phi_{r2f} = 2\pi W_{r2f}/\lambda$。最终实现零位检测，干涉条纹如图 6.42(d) 所示。相应的测量结果记为 W_{r3}。

6.3.1.3　自适应波前干涉仪的控制算法局部大误差重构方法

自适应波前干涉仪的另一关键技术是局部大误差的重构。即从上述的局部面形误差的零位检测结果、SLM 补偿相位和系统理论剩余像差中实现局部面形的解算，下面详细展开分析。

在上述三个阶段的自适应补偿过程结束后，施加到 SLM 的总相位记为 Φ，Φ 不包含 SLM 的固有误差补偿相位，因此 $\Phi = \Phi_{r2f} + \Phi_2$。将局部大误差记为 W_u。将 SLM 的补偿相位和零位检测的测量结果直接代数相加，然后将相加结果认为是局部大误差 W_u 的方法是错误的。因为直接代数和的方法没有考虑光线在检测光路中的传播效应。事实上，SLM 上的补偿相位和被测局部大误差被补偿的相位是不相等的。当局部大误差较大或者光路中还有额外的静态补偿元件时更是如此。

本节提出一种基于检测光路光线追迹模型，从 SLM 的补偿相位和零位检测结果中逆向重构出局部大误差面形结果的方法。这种方法与非零位检测中进行回程误差校正的逆向重构法类似。当相位共轭步骤完成后，将零位检测结果 W_{r3} 用 Zernike 多项式进行拟合。拟合结果记为 W_{r3f}，拟合残差记为 W_{r3r}。在实际检测系统中，W_{r3f} 可以表示为隐函数的形式：

$$W_{r3f} = f(W_{uf}, \lambda\Phi/2\pi) \tag{6-24}$$

式中，W_{uf} 代表局部大误差 W_u 使用 37 项 Zernike 多项式拟合的结果。

根据实际检测系统，在光学设计软件 Zemax 中建立检测系统的光线追迹模型。在追迹模型中有

$$\overline{W}_{r3f} = f(\overline{W}_{uf}, \lambda\overline{\Phi}/2\pi) \tag{6-25}$$

式中，$\overline{W}_{r3f}$、$\overline{W}_{uf}$ 和 $\overline{\Phi}$ 分别代表光线追迹模型中与式 (6-24) 中相应参数的对应值。

注意到 $\overline{\Phi} = \Phi$。因此，在追迹模型中执行优化，优化变量设置为局部大误差拟合结果 $\overline{W}_{uf}$ 的 Zernike 多项式拟合系数。实际检测光路检测结果的拟合结果 W_{r3f} 作为优化目标。然后进行优化，当光线追迹模型中 $\overline{W}_{r3f}$ 趋近于 W_{r3f} 时，$\overline{W}_{uf}$ 趋近于 W_{uf}。经过优化后得到的 $\overline{W}_{uf}$ 与零位检测结果的拟合残差 W_{r3r} 相加，即可重构出局部大误差的面形结果，即

$$W_u = \overline{W}_{uf} + W_{r3r} \tag{6-26}$$

上述基于光线追迹误差重构方法的重构精度主要取决于检测光路的建模精度。误差源主要包括元器件的结构参数误差和实际检测光路中元器件的位置和姿态与

其理论位置姿态的偏离误差。元器件结构参数误差 (如厚度误差、面形误差) 可以通过相应的检测设备得到,并将检测结果代入光线追迹模型中。位置姿态偏离误差可以参考 6.1 节的 SLM 对准装调方法,当 SLM 上仅施加固有误差自补偿相位时,通过在 SLM 上施加不同的 Zernike 像差,根据 Zernike 像差的检测结果与位置姿态失调关系进行 SLM 位置姿态调整,并使用 LenScan LS600 测量检测系统中各个元器件的中心厚度和元器件之间的空气间隔。

6.3.1.4 检测系统的误差分析

由于局部大误差是通过检测光路光线追迹模型,从 SLM 的补偿相位和零位检测结果中逆向重构得出的,因此局部大误差的检测精度主要取决于光线追迹软件中对检测系统的建模精度。系统的建模误差主要包括 SLM 的固有波前误差和 SLM 的相位控制误差、仿真软件中元器件 (包括 SLM 和被测面) 的位置姿态与实际检测系统中元器件的位置姿态的偏离。下面对这两个方面分别进行分析。

SLM 的相位控制误差由 6.1.1 小节可知,约为 $\lambda/30$ RMS。SLM 的固有波前误差通过 SLM 进行自补偿,因此其引起的检测误差退化为 SLM 的相位控制误差。关于元器件的位置和姿态偏离引起的误差,可以通过 6.1.2 小节所述的 SLM 的对准装调过程得到,通过仿真分析得到失调像差可以控制在 0.01λ RMS。

对比上述各误差源的误差贡献可以看出,SLM 的相位控制误差是检测系统的主要误差来源。将上述各误差源对检测结果的误差贡献利用不确定度合成原理进行综合分析,可以得到检测系统的误差约为 $\lambda/30$ RMS。检测系统的不确定度分析如表 6.6 所示。如果在局部大误差的逆向重构的建模过程中,将 SLM 和被测面的失调自由度作为优化变量,利用零位检测结果优化出失调量,并分离失调像差,那么检测系统的检测精度将进一步提高。

表 6.6 自适应波前干涉检测系统的不确定度分析

误差源分类	误差源	误差贡献的 RMS 值
元器件结构参数误差	SLM 相位控制精度	$\sim 0.033\lambda$
	SLM 的固有误差	0
元器件位置姿态偏离误差	SLM 和被测面的对准装调误差	0.01λ
	合成不确定度值	0.034λ

6.3.2 局部大误差智能解析仿真

为了验证自适应波前干涉仪智能推理补偿检测局部大误差的原理,利用 Zemax 和 Matlab 软件进行了仿真。仿真主要针对自适应波前干涉仪控制算法的条纹重建和条纹疏化阶段进行。

在 Zemax 仿真中建立如图 6.43 所示光路,局部大误差的表面类型选择为

Zernike 标准矢高表面, 系数为 $Z_4 = 11.5\lambda$, $Z_{11} = -3.5\lambda(\lambda = 632.8\text{nm})$。当 SLM 上不施加任何补偿相位时, 系统检测到的波像差如图 6.44(a) 所示。波像差的 PV 值为 41.107λ, 对应的干涉图如图 6.44(b) 所示。干涉图分辨率为 128×128。与实际检测系统不同, 在 Zemax 仿真中, 由于密条纹的出现而出现了莫尔条纹。而实际情况应该是干涉图受限于 CCD 的奈奎斯特采样频率。也就是说梯度模大于每像素半个波长的波像差对应的干涉图区域超出了干涉仪 CCD 的动态范围。因此, 需要根据实际情况, 计算波像差的梯度模, 并将波像差梯度模大于每像素半个波长对应的像素灰度值改为 0。修改后的干涉图如图 6.44(c) 所示, 更接近于实际得到的干涉图。

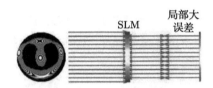

图 6.43 自适应波前干涉仪智能解析局部大误差的仿真光路

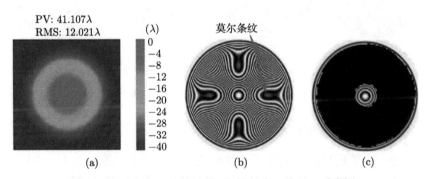

图 6.44 局部大误差的性质 (扫描封底二维码可看彩图)

(a) 仿真系统检测到的波像差; (b) 仿真系统生成的干涉图; (c) 修改后的干涉图

SLM 在 Zemax 中由包含 Zernike 标准相位面的平面透镜表示。Zernike 标准相位面的系数作为优化过程中的优化变量。Matlab 和 Zemax 之间的通信由动态数据交换 (Dynamic Data Exchange, DDE) 完成。Zemax 生成的波像差数据和干涉图数据由 DDE 传送给 Matlab；Matlab 执行优化过程, 并将 SLM 的动态 Zernike 系数值传送给 Zemax, 并更新 Zemax 的仿真光路。

在仿真中微小随机扰动的幅值 $\alpha = 0.1\lambda$, 增益系数 $\gamma^{(q)} = 1/([M^{(q)}]^2/9/20)$, J 值计算区域变化参数 $\xi = 0.5$。

经过条纹重建步骤后, 干涉条纹如图 6.45(d) 所示。图 6.45(a)、(b)、(c) 分别是条纹重建过程中的干涉图。从图 6.45 (d) 可以看出，干涉条纹依然很密，因此继续执行条纹疏化步骤。条纹疏化之后的干涉图如图 6.46(d) 所示。图 6.46(a)、(b)、(c)分别是条纹疏化过程中的干涉图。图 6.46(d) 所示的仿真结果显示，基于 6.3.1 小节所述的自适应补偿控制算法能够实现局部大误差的智能解析与自适应补偿。

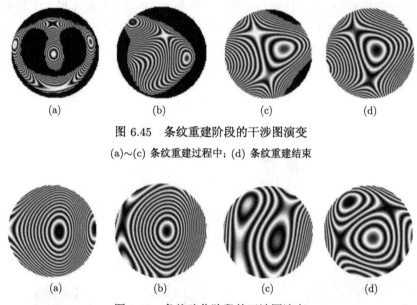

$$(a) \qquad\qquad (b) \qquad\qquad (c) \qquad\qquad (d)$$

图 6.45　条纹重建阶段的干涉图演变

(a)~(c) 条纹重建过程中；(d) 条纹重建结束

$$(a) \qquad\qquad (b) \qquad\qquad (c) \qquad\qquad (d)$$

图 6.46　条纹疏化阶段的干涉图演变

(a)~(c) 条纹疏化阶段过程中；(d) 条纹疏化阶段结束

6.3.3　局部大误差智能解析实验验证

为了进一步验证自适应波前干涉仪智能解析局部大误差的能力，进行了实验研究。实验的对象为一块口径 Φ61mm 的平面铝镜，利用超精密车削技术 [44] 在平面铝镜中心 Φ26mm 圆形区域内加工了 PV 值约为 30 多个波长的局部大误差。基于 SLM 的自适应波前干涉仪的实验装置如图 6.47 所示。实验采用 4in Zygo GPI 波面干涉仪，SLM 型号为 Holoeye™ LC 2012，其像素阵列为 1024×768，像素大小为 36μm，通光口径为 36.9mm×27.6mm。从干涉仪出射的准直光束透过 SLM 后，被被测面反射，反射光束再次透射经过 SLM，携带 SLM 的调制相位返回干涉仪，与参考光干涉。SLM 由集成在干涉仪控制计算机上的自适应补偿控制算法控制。

实验分为以下步骤。首先，参考 6.1.2 小节对 SLM 的固有误差进行校准并进行自补偿。然后，从光路中移除 SLM，进行被测面全口径的面形检测。全口径对应的干涉图如图 6.48(a) 所示。干涉图中心区域的条纹密度超过了干涉仪 CCD

的奈奎斯特采样频率，因此表现为不可解析条纹。全口径检测的面形误差结果如图 6.48(b) 所示。不可解析条纹区域的相位数据缺失，数据缺失区域称为局部大误差区域。为了检测局部大误差区域的面形误差，在检测光路中插入校准固有误差之后的 SLM。SLM 中心 Φ26mm 圆形区域能覆盖局部大误差区域，因此将 SLM 中心 Φ26mm 圆形区域选为 SLM 工作区域。图 6.49(a) 表示自适应补偿前，SLM 工作区域对应的干涉图。然后根据 6.4.1 小节中所述的检测步骤对局部大误差区域进行条纹重建。在执行条纹重建的优化算法中，$\alpha = 0.4\lambda$，$\gamma^{(q)} = 1/([M^{(q)}]^2/300)$，$\xi = 0.5$。条纹重建完毕后的干涉图如图 6.49(b) 所示。干涉条纹依然过密，因此继续执行条纹疏化步骤。在执行条纹疏化的优化算法中，$\alpha = 0.2\lambda$，$\gamma = 1/(J_0/20)$，其中 J_0 表示 J 值的优化初始值。条纹疏化之后的干涉图如图 6.49(c) 所示，条纹足够稀疏，满足非零位检测条件。使用干涉仪进行测量，得到图 6.49(c) 所示的非零位检测结果。然后利用相位共轭算法驱动 SLM 得到零位检测状态，如图 6.49(d) 所示。

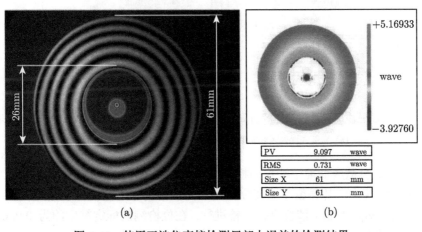

图 6.47　自适应波前干涉仪智能解析局部大误差实验装置

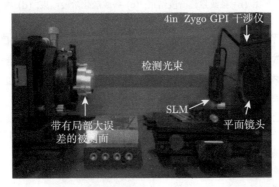

(a)　　　　　　　　　　　(b)

图 6.48　使用干涉仪直接检测局部大误差的检测结果

(a) 干涉图; (b) 面形误差结果

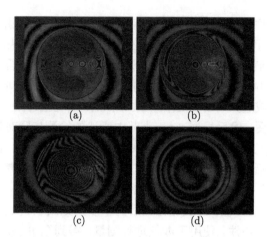

图 6.49　自适应波前干涉仪智能解析局部大误差实验过程中干涉图的演变

(a) 条纹重建阶段开始; (b) 条纹重建阶段结束; (c) 条纹疏化阶段结束; (d) 相位共轭阶段结束

参考 6.3.1 小节的局部大误差重构方法, 得到局部大误差的面形检测结果, 如图 6.50(a) 所示。然后使用拼接算法将图 6.50(a) 所示的局部误差和图 6.48(b) 所示的面形误差结果进行拼接, 得到全口径的面形误差测量结果, 如图 6.50(b) 所示。面形误差的 PV 值为 33.331λ, RMS 值为 5.974λ。

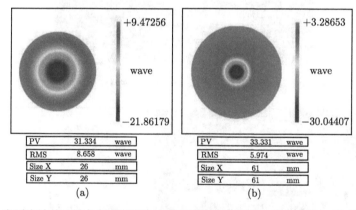

PV	31.334	wave
RMS	8.658	wave
Size X	26	mm
Size Y	26	mm

(a)

PV	33.331	wave
RMS	5.974	wave
Size X	61	mm
Size Y	61	mm

(b)

图 6.50　自适应波前干涉仪智能解析局部大误差的检测结果 (扫描封底二维码可看彩图)

(a) 局部大误差区域面形检测结果; (b) 全口径面形拼接结果

为了验证自适应波前干涉仪的检测结果, 采用超精密车床在位检测 [45−48] 对被测面进行了互检。超精密车床在位检测的检测精度通过检测一个口径 150mm 的平面, 并与 Zygo 平面干涉仪进行互检进行。在位检测的标定精度约为 0.2μm, 因此使用车床在位检测方法进行互检是可行的, 检测装置如图 6.51 所示。检测装置基于一台型号为 Nanotech 450UPL 四轴数控超精密车床 [49]。主轴沿轴向和径向的运动精度均为 12.5nm。X 轴的直线度在全行程 350mm 内为 0.3μm。Z 轴的直线度在全行程 300mm 内也为 0.3μm。Y 轴的直线度在全行程 100mm 内为 0.2μm。执行在位检测时，车刀被一个型号为 STIL Initial 0.4 CL2MG140 的共焦位移传感器代替。传感器在 0.4mm 测量范围内的精度为 80nm。在检测时，传感器的名义运动与被测面在车削加工时车刀的运动相似，不同之处在于主轴以较小的速度进行回转运动，进给速度也大大减小。使用车床在位检测局部大误差的全口径面形结果如图 6.52(a) 所示，面形误差的 PV 值为 33.293λ，RMS 值为 5.970λ。通过对比图 6.52(a) 和图 6.50(a) 两种方法的检测结果可以看出，两种检测结果的面形误差分布、PV 值和 RMS 值均相差不大。为了进一步量化评价两种检测结果的偏差，将两种检测结果作差得到点对点偏差，如图 6.52(b) 所示。点对点误差的 RMS 值为 0.047λ，验证了自适应波前干涉仪的检测精度。

图 6.51 车床在位检测局部大误差的实验装置

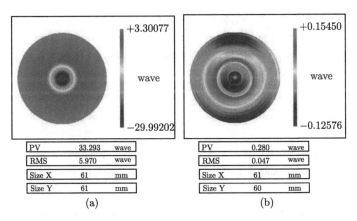

PV	33.293	wave
RMS	5.970	wave
Size X	61	mm
Size Y	61	mm

(a)

PV	0.280	wave
RMS	0.047	wave
Size X	61	mm
Size Y	60	mm

(b)

图 6.52 使用车床在位检测的全口径面形结果与两种全口径测量结果的比较 (扫描封底二维码可看彩图)

(a) 使用车床在位检测的全口径面形结果; (b) 两种全口径测量结果的比较

参 考 文 献

[1] 薛帅. 复杂光学面形的自适应可变补偿干涉检测技术研究 [D]. 长沙: 国防科技大学, 2019.

[2] Xue S, Chen S Y, Tie G P, et al. Adaptive null interferometry metrology using spatial light modulator for free-form surfaces[J]. Optics Express, 2019, 27(6): 8414-8428.

[3] Xue S, Chen S Y, Tie G P. Near-null interferometry using an aspheric null lens generating a broad range of variable spherical aberration for flexible test of aspheres[J]. Optics Express, 2018, 26(24): 31172-31189.

[4] Xue S, Chen S Y, Tie G P, et al. Flexible interferometric null testing for free-form surfaces using a hybrid refractive and diffractive variable null[J]. Optics Letters, 2019, 44(9): 2294-2297.

[5] Xue S, Chen S Y, Fan Z B, et al. Adaptive wavefront interferometry for unknown free-form surfaces[J]. Optics Express, 2018, 26(17): 21910-21928.

[6] Xue S, Deng W X, Chen S Y. Intelligence enhancement of the adaptive wavefront interferometer[J]. Optics Express, 2019, 27(8): 11084-11102.

[7] Zhang Z, You Z, Chu D. Fundamentals of phase-only liquid crystal on silicon (LCoS) devices[J]. Light: Sci. Appl., 2014, 3: e213.

[8] Kujawinska M, Porrasaguilar R, Warsaw W. LCoS spatial light modulators as active phase elements of full-field measurement systems and sensors[J]. Metrol. Meas. Syst., 2012, 19(3): 445-458.

[9] Collings N, Davey T, Christmas J, et al. The applications and technology of phase-only liquid crystal on silicon devices[J]. J. Disp. Technol., 2011, 7(3): 112-119.

[10] 蔡冬梅, 薛丽霞, 凌宁, 等. 液晶空间光调制器相位调制特性研究[J]. 光电工程, 2007, 34(11): 19-23.

[11] 曹召良, 穆全全, 胡立发, 等. 液晶波前校正器位相调制非线性及闭环校正研究[J]. 液晶与显示, 2008, 23(2): 157-162.

[12] 张洪鑫, 张健, 吴丽莹. 泰曼-格林干涉仪测量液晶空间光调制器的相位调制特性[J]. 中国激光, 2008, 35(9): 1360-1364.

[13] Zhao Z, Xiao Z, Zhuang Y, et al. An interferometric method for local phase modulation calibration of LC-SLM using self-generated phase grating[J]. Rev. Sci. Instrum., 2018, 89: 083116.

[14] Zhao Z, Zhuang Y, Xiao Z, et al. Characterizing a liquid crystal spatial light modulator at oblique incidence angles using the self-interference method[J]. Chin. Opt. Lett., 2018, 16(9): 090701.

[15] Chen H, Yang J, Yen H, et al. Pursuing high quality phase-only liquid crystal on silicon (LCoS) devices[J]. Appl. Sci., 2018, 8(11): 2323.

[16] Xu J, Qin S, Liu C, et al. Precise calibration of spatial phase response nonuniformity arising in liquid crystal on silicon[J]. Opt. Lett., 2018, 43(12): 2993-2996.

[17] Picart P. New Techniques in Digital Holography[M]. Hoboken: ISTE & Wiley, 2015.

[18] Golub M, Sisakjan I, Soifer V. Phase quantization and discretization in diffractive optics[C]. Proc. of SPIE, 1990, 1334: 188-199.

[19] Shannon R, Wyant J. Applied Optics and Optical Engineering[M]. New York: Academic Press Inc., 1992.

[20] Noll R. Zernike polynomials and atmospheric turbulence[J]. J. Opt. Soc. Am., 1976, 66(3): 207-211.

[21] Berger G, Pettera J. Non-contact metrology of aspheric surfaces based on MWLI technology[C]. Proc. of SPIE, 2013, 8884: 88840V.

[22] Fuerschbach K, Thompson K, Rolland J. Interferometric measurement of a concave, φ-polynomial, Zernike mirror[J]. Opt. Lett., 2014, 39(1): 18-21.

[23] FOGALE nanotech. Sensors & systems documentations. http://www.fogale.fr/brochures.html.

[24] Tyson R, Frazier B. Field guide to adaptive optics[M]. Bellingham: SPIE Press, 2004.

[25] Zhang L, Guo Y, Rao C. Solar multi-conjugate adaptive optics based on high order ground layer adaptive optics and low order high altitude correction[J]. Opt. Express, 2017, 25(4): 4356-4367.

[26] Yu X, Dong L, Lai B, et al. Adaptive aberration correction of a 5J/6.6ns/200Hz solid-state Nd: YAG laser[J]. Opt. lett., 2017, 42(14): 2730-2733.

[27] Ginner L, Kumar A, Fechtig D, et al. Noniterative digital aberration correction for cellular resolution retinal optical coherence tomography in vivo[J]. Optica, 2017, 4(8): 924-931.

[28] Wahl D, Huang C, Bonora S, et al. Pupil segmentation adaptive optics for in vivo mouse retinal fluorescence imaging[J]. Opt. Lett., 2017, 42(7): 1365-1368.

[29] Park J, Kong L, Zhou Y, et al. Large-field-of-view imaging by multi-pupil adaptive optics[J]. Nat. Methods, 2017, 14: 581-583.

[30] Booth M. Adaptive optical microscopy: the ongoing quest for a perfect image[J]. Light Sci. Appl., 2014, 3: e165.

[31] Yang H, Li X, Gong C, et al. Restoration of turbulence-degraded extended object using the stochastic parallel gradient descent algorithm: numerical simulation[J]. Opt. Express, 2009, 17(5): 3052-3062.

[32] Vorontsov M, Carhart G, Cohen M, et al. Adaptive optics based on analog parallel stochastic optimization: analysis and experimental demonstration[J]. J. Opt. Soc. Am. A, 2000, 17(8): 1440-1453.

[33] Yang H, Li X. Comparison of several stochastic parallel optimization algorithms for adaptive optics system without a wavefront sensor[J]. Opt. Laser Technol., 2011, 43: 630-635.

[34] Piatrou P, Roggemann M. Beaconless stochastic parallel gradient descent laser beam control: numerical experiments[J]. Appl. Opt., 2007, 46(27): 6831-6842.

[35] Zommer S, Ribak E, Lipson S, et al. Simulated annealing in ocular adaptive optics[J]. Opt. Lett., 2006, 31(7): 1-3.

[36] Yang P, Ao M, Liu Y, et al. Intracavity transverse modes controlled by a genetic algorithm based on Zernike mode coefficients[J]. Opt. Express, 2007, 15(25): 17051-17062.

[37] Huang L, Rao C. Wavefront sensorless adaptive optics: a general model-based approach[J]. Opt. Express, 2011, 19(1): 371-379.

[38] Booth M. Wavefront sensorless adaptive optics for large aberrations[J]. Opt. Lett., 2007, 32(1): 5-7.

[39] Booth M. Wavefront sensor-less adaptive optics: a model-based approach using sphere packings[J]. Opt. Express, 2006, 14(4): 1339-1352.

[40] Mahajan V. Orthonormal aberration polynomials for anamorphic optical imaging systems with rectangular pupils[J]. Appl. Opt., 2010, 49(36): 6924-6929.

[41] Hou X, Wu F, Yang L, et al. Experimental study on measurement of aspheric surface shape with complementary annular subaperture interferometric method[J]. Opt. Express, 2007, 15(20): 12890-12899.

[42] Chen S, Xue S, Dai Y, et al. Subaperture stitching test of large steep convex spheres[J]. Opt. Express, 2015, 23(22): 29047-29058.

[43] Golini D, Forbes G, Murphy P. Method for self-calibrated sub-aperture stitching for surface figure measurement[P]. US, Patent 6956657B2. 2005.

[44] Tie G, Dai Y, Guan C, et al. Research on subsurface defects of potassium dihydrogen phosphate crystals fabricated by single point diamond turning technique[J]. Opt. Eng., 2013, 52(3): 033401.

[45] 廖泉. 超精密车床原位测量关键技术研究 [D]. 长沙: 国防科技大学, 2017.

[46] 陈逢军. 非球面超精密原位测量与误差补偿磨削及抛光技术研究 [D]. 长沙: 湖南大学, 2010.

[47] Chen F, Yin S, Huang H, et al. Profile error compensation in ultra-precision grinding of aspheric surfaces with on-machine measurement[J]. Int. J. Mach. Tools Manu., 2010, 50(5): 480-486.

[48] Li B, Zhao H, Xi J, et al. On-machine self-calibration method for compensation during precision fabrication of 900-mm-diameter zerodur aspheric mirror[J]. Int. J. Adv. Manu. Technol., 2015, 76(9): 1855-1863.

[49] Nanotech 450 UPL v2.http://www.nanotechsys.com/machines/nanotech-450uplv2-ultra-precision-lathe-1/.